高等学校专业教材
国家级精品资源共享课程配套教材

食品保藏与加工工艺实验指导

董士远　主编
曾名湧　主审

中国轻工业出版社

图书在版编目(CIP)数据

食品保藏与加工工艺实验指导/董士远主编. —北京:中国轻工业出版社,2014.9

高等学校专业教材　国家级精品资源共享课程配套教材

ISBN 978-7-5019-9812-8

Ⅰ. ①食…　Ⅱ. ①董…　Ⅲ. ①食品保鲜—高等学校—教材 ②食品贮藏—高等学校—教材 ③食品加工—工艺学—高等学校—教材　Ⅳ. ①TS205

中国版本图书馆 CIP 数据核字(2014)第 128701 号

责任编辑:马　妍　　责任终审:劳国强　　封面设计:锋尚设计
版式设计:王超男　　责任校对:张　杰　　责任监印:张　可

出版发行:中国轻工业出版社(北京东长安街 6 号,邮编:100740)
印　　刷:三河市万龙印装有限公司
经　　销:各地新华书店
版　　次:2014 年 9 月第 1 版第 1 次印刷
开　　本:787 × 1092　1/16　　印张:9
字　　数:180 千字
书　　号:ISBN 978-7-5019-9812-8　定价:25.00 元
邮购电话:010 - 65241695　传真:65128352
发行电话:010 - 85119835　85119793　传真:85113293
网　　址:http://www.chlip.com.cn
Email:club@chlip.com.cn

130738J1X101ZBW

本书编审委员会

参赛(按姓氏笔画排序)

主　　编　董士远(中国海洋大学)

副 主 编　刘尊英(中国海洋大学)
　　　　　　赵元晖(中国海洋大学)

参编人员　孔　青(中国海洋大学)
　　　　　　李志军(中国发酵工业研究院)
　　　　　　张建威(河南农业大学)
　　　　　　周裔彬(安徽农业大学)
　　　　　　高瑀珑(南京财经大学)
　　　　　　康明丽(河北科技大学)

主　　审　曾名湧(中国海洋大学)

前　言

食品科学与工程类专业是实践性非常强的工科专业,食品保藏与加工工艺实验教学是培养学生创新意识和实践动手能力的重要环节。目前出版的食品保藏与加工工艺方面的实验教材比较少,难以满足实际教学需要。为此,我们根据多年来在食品加工与保藏等方面科学研究和实践工作积累,收集和参考了国内外相关方面的资料和新进展,编写了这本实验指导教材,希望能以此丰富国内食品科学与工程类专业的实验教学参考书。

作为实验教材,该书的实验内容以设计性、综合性及创新性实验为主,力求通过保藏与加工实验将理论知识与实践紧密结合,学习应用各种食品保藏与加工技能和技术,以锻炼学生分析和解决实际问题的能力,培养学生的创新意识和创新能力。

本教材共六章,内容包括果蔬、水产品、谷物制品、畜禽、乳制品和饮料等的保藏与加工工艺,以及食品实验设计与数据处理。每个实验在介绍实验原理和目的、操作要点和注意事项等内容的同时,特别介绍了实际操作参考的配料和配方,产品的质量评定以及相关标准,每章后面还附有思考题,供读者进一步探索有关的科学问题。

本书适合作为各大专院校食品类专业的教材,还可供职业院校相关专业的学生、业余职业教育人员以及食品生产企业的技术人员学习参考。

本书由中国海洋大学董士远主编,中国海洋大学曾名湧教授主审。编写分工如下:刘尊英、康明丽编写第一章;赵元晖、董士远编写第二章;董士远、李志军编写第三章;董士远、张建威编写第四章;董士远、周裔彬编写第五章;孔青、高瑀珑编写第六章;全书由董士远、刘尊英校对,董士远定稿。

由于编者水平有限,且加之食品保藏与加工工艺发展与更新速度很快,教材中难免会出现不妥和疏漏之处,衷心期待专家、学者及读者指正。

在教材的编写过程中,曾名湧教授对教材编写大纲的制定、编写内容的审定付出了大量的心血和汗水,在此表示感谢。

董士远
于中国海洋大学
2014.3

目 录

第一章 果蔬保藏与加工工艺实验

实验一　草莓的冷藏保鲜

一、实验原理

水果与蔬菜中一般都含有大量的水分和碳水化合物、较丰富的维生素、矿物质以及一定量的蛋白质。新鲜果蔬表皮覆盖有蜡质层，可防止微生物进入，但随着贮藏时间的延长，果蔬呼吸消耗加重，酶活性增强，微生物滋生，从而导致果蔬组织软烂、腐败变质。

冷藏是在食品冰点以上的食品保藏方法。低温条件能有效减缓酶和微生物的活动，最大限度保存食品原有的色、香、味及营养价值。随着温度的降低，果蔬的呼吸强度降低，各种与品质劣变相关的酶活性减弱，微生物增殖变慢，从而延缓果蔬衰老，保持果蔬品质。近年来，随着我国加工、运输、贮藏、销售环节冷藏链系统的逐步完善和冷却设备的普及，低温加工与保藏已成为果蔬保藏加工中最普遍的技术之一。

二、实验目的

了解引起果蔬腐败变质的主要因素与采后生理生化特性，了解常见的冷却方法与冷却设备；掌握果蔬冷却保藏的基本原理，掌握果蔬冷却保藏中生理生化变化与品质控制技术。

三、材料与设备

实验材料：新鲜草莓、PE 塑料保鲜膜、PS 托盘、壳聚糖。

仪器设备：低温离心机、天平、低温冰箱、低温冷库、分光光度计、气相色谱仪、质构仪、色差计等。

四、实验步骤

1. 原料选择

挑选大小、颜色一致、无机械伤、无病虫害的草莓作为实验材料，购回当天立即对草莓进行处理，可使用 1.0% ~1.5% 的壳聚糖溶液浸泡处理 5min，并以清水处理的草莓作为对照。

2. 包装贮藏

将上述处理过的草莓样品冷风沥干后装入塑料托盘内，每盘（200±10）g，再用保鲜膜热封，然后置于（2±1）℃温度条件下贮藏。

3. 取样检测

在果蔬冷却贮藏期间定期取样，分析样品的感官指标、果蔬冰点、呼吸强度、乙烯释放量、硬度、可溶性固形物、维生素C含量等，以此比较壳聚糖处理草莓与未处理样品的检测指标的异同。主要指标的检测方法如下：

（1）果蔬冰点测定　取一定量的果蔬样品研碎，用双层纱布过滤。取50mL滤液置于100mL小烧杯中，将小烧杯置于冰盐水中，插入温度计，温度计的水银球必须浸在样品汁液中，并且不断地轻轻搅拌汁液。从汁液温度降至2℃时开始记录温度读数，每隔20s记录一次，直到果蔬汁液完全结冰为止。

分别记录果蔬汁液温度读数和降温时间，以温度（℃）为纵坐标、降温时间（s）为横坐标绘制果蔬汁液的降温曲线，曲线上出现平稳变化的温度就是样品汁液的冰点。

（2）果蔬呼吸强度测定　采用静置法测定。用移液管吸取10.0mL 0.4mol/L的NaOH溶液放入培养皿中，将培养皿放在干燥器底部，放置隔板，装入1kg左右的果蔬，封盖，密闭0.5h后取出培养皿，将碱液移入三角瓶中（冲洗3次），加入5.0mL饱和$BaCl_2$溶液和2滴酚酞指示剂，然后用0.1 mol/L的草酸溶液滴定，用同样方法做空白滴定。

呼吸强度以每小时每千克果蔬释放的CO_2量表示。计算公式如下：

$$呼吸强度\ [mg/(kg\cdot h)] = \frac{(V_1 - V_2)\times c\times 22}{m\times t}$$

式中　c——草酸溶液物质的量浓度，mol/L；

V_1——空白滴定时草酸溶液用量，mL；

V_2——样品滴定时草酸溶液用量，mL；

m——果蔬质量，kg；

t——测定时间，h；

22——1/2 CO_2的摩尔质量，g/mol，吸收过程中消耗1mol NaOH相当于吸收1/2mol CO_2的量。

（3）乙烯释放量测定　采用气相色谱法测定乙烯的释放量。

①气相色谱工作条件：氢火焰离子化检测器（FID）；GDX－502填充柱；载气（氮气）流速：18mL/min；燃气（氢气）的流速：21mL/min；助燃气（空气）流速，150mL/min；进样温度120℃，柱温80℃，检测温度150℃。

②乙烯标准曲线的制作：取一定体积的乙烯标准气体，浓度分别为20μm/L、40μm/L、60μm/L、80μm/L、100μL/L，在气相色谱仪上进样测定，确定乙烯出峰时间（min），以峰面积为横坐标、乙烯浓度为纵坐标制作标准曲线。

③被测样品乙烯的收集与分析：分别取1kg左右的待测果蔬样品，置于两个

1500mL 的玻璃标本缸中，用橡皮塞塞紧，分别置于（20±1）℃和（0±1）℃条件下静置1h。然后用注射器从每一容器中各取1mL气样，注入气相色谱仪，经色谱仪检测后得到色谱图，对比标准曲线，即可得到进样气体乙烯浓度。

乙烯释放量以每小时每千克果蔬释放的乙烯的量表示［单位：μL/（kg·h）］。计算公式如下：

$$乙烯释放量[\mu L/(kg \cdot h)] = \frac{V \times c}{m \times t \times 1000}$$

式中　c——气相色谱仪测定的样品气体中乙烯含量，μL/L；

V——玻璃标本缸的空间体积与待测样品体积的差值，L；

m——待测样品果蔬质量，kg；

t——密闭时间，h。

（4）硬度　用质构仪测定。在草莓表面切去一块直径为0.5mm的圆形果皮，在相对的一侧也切掉一块表皮，将其置于载物台上，去皮的那部分果肉对准质构仪的探头，打开电源，按下开关，载料台上升，同时打开记录仪，记载果实硬度。

（5）可溶性固形物含量测定　采用阿贝折光仪测定。

（6）维生素C含量测定　采用2,6－二氯酚靛酚法测定，测定时用高岭土脱色。

五、实验结果分析

相关实验结果及其分析见表1－1。

表1－1　实验结果分析

实验名称		实验日期	
检验项目	结果		
冰点 呼吸强度 乙烯释放量 硬度 可溶性固形物 维生素C含量			
主要结论 问题分析与收获			

六、思考题

1. 低温条件对果蔬采后生理与贮藏品质有何影响？引起果蔬腐烂的主要因素是什么？如何控制果蔬的腐烂变质？

2. 壳聚糖处理对提高采后果蔬抗病性和延长果蔬保质期的效果如何？

3. 你认为草莓保鲜采取什么工艺或技术是最适宜的？为什么？

实验二　草莓的速冻加工与保藏

一、实验原理

速冻食品是将食品通过各种方式急速冻结，再经包装储存于食品冰点以下（一般为 -18 ~23℃）保藏的产品。在速冻条件下，游离水冻结，水分活度下降，微生物增殖速率变慢，酶活性降低，从而抑制了食品变质，可较长时间保存食品。速冻加工保藏最大的优点是不借助任何防腐剂，完全以低温来保存食品原有品质。速冻保藏可使食品快速通过最大冰结晶生成带，产生数量多而细小的冰结晶，解冻时汁液流失少，营养价值高，是长期保存食品最有效的方法之一。

二、实验目的

了解食品冰结晶生成的条件；了解常用的冻结方法与设备；掌握食品冻结的一般过程与冻结曲线绘制；了解冻结对食品品质的影响。

三、材料与设备

实验材料：草莓、0.2%亚硫酸氢钠、1%食盐、0.2%抗坏血酸。

仪器设备：不锈钢刀、夹层锅、漏勺、超低温冰箱（-80℃）、真空包装机。

四、实验步骤

1. 工艺流程

原料采收→挑选、分级→去果蒂→清洗→护色、烫漂→速冻→包装→冻藏

2. 操作要点

（1）原料选择　要求草莓在果实 3/4 颜色变红时采收，选择大小均匀，无压痕、机械伤和病虫害的果实，用清水洗去泥沙和杂质，然后浸在 1% 的食盐水中 10 ~15s。

（2）分级　按直径大小分级，分为 20mm 以下、20 ~24mm、25 ~28mm、28mm 以上四个等级；也可按单果重分级，分为 10g 以上、8 ~10g、6 ~8g、6g 以下四个等级。

（3）去蒂、漂洗　用手工去除果蒂，再用清水漂洗干净。

（4）护色、烫漂　把草莓分成三份，其中一份做护色处理用，放入 0.2% 的亚硫酸氢钠护色液浸渍 5min；一份做热烫处理用，在沸水中烫漂 1min 后捞起立即冷却；余下一份作为对照，不做任何处理。

（5）速冻和保藏　将沥干的草莓迅速冷却至 -15℃以下，然后送入温度为 -80℃的超低温冰箱中快速冻结，待草莓中心温度降至 -18℃时，立即进行低温包装，-18℃贮藏。

五、实验结果分析

相关实验结果及分析见表1－2。

表1－2　　　　实验结果分析

实验名称		实验日期	
检验项目	结果		
冻结食品汁液流失率测定 冻结食品冰点测定			
主要结论 问题分析与收获			

六、思考题

1. 护色、热烫处理对冻品品质有什么影响？
2. 冻结食品汁液流失率受哪些因素影响？
3. 快速冻结与缓慢冻结对食品品质有哪些影响？

实验三　切割芋头的加工与保藏

一、实验原理

切割果蔬又称半加工果蔬、调理果蔬或轻度加工果蔬（minimaly processed fruits and vegetables），即新鲜果蔬经清洗、去皮、切割、修整、包装等加工制成的新型果蔬食品。相对于未加工的果蔬而言，鲜切果蔬由于切割使果蔬受到机械损伤，会引发一系列不利于贮藏的生理生化反应，如呼吸加快、乙烯产生加速、酶促和非酶促褐变加快等，同时由于切割使一些营养物质流出，更易因微生物而发生腐烂变质，所有这一切都使得鲜切果蔬的货架期缩短。但与罐装果蔬、速冻果蔬相比，切割果蔬可直接烹调，具有自然、新鲜、卫生和方便等特点，减少了果蔬在运输与垃圾处理中的费用，符合无公害、高效、优质、环保等食品行业的发展需求。

毛芋头又称芋头，原产中国、印度和马来半岛等地区，我国山东半岛栽培比较普遍。毛芋头营养丰富，栽培技术简易，耐贮、耐运、灾害少，高产高效。目前已成为出口的主要蔬菜之一。芋头切割后非常容易变质和发生酶促褐变，需采用保鲜液浸渍和包装的方法防止芋头的品质劣化。

二、实验目的

在了解切分果蔬品质劣变的一般规律基础上，通过本实验掌握切分果蔬的加工工艺，掌握切割芋头褐变的控制方法。

三、材料与设备

实验材料：毛芋头、柠檬酸、食盐、苯甲酸钠、维生素 C、真空袋、托盘、保鲜膜。

仪器设备：真空包装机、WSC－S 全自动测色色差计。

四、实验步骤

1. 工艺流程

清洗→去皮→切块→保鲜液浸泡→沥干→真空包装→货架期检验

2. 操作要点

（1）原料选择、清洗、去皮、切分　选择无机械伤、无病虫害和无发芽的芋头 3kg，用水冲洗干净，使用锋利的不锈钢刀去皮后，切成 3cm×3cm×1cm 的小块，切分后立即放入 150mg/L 的次氯酸钠溶液中浸泡、清洗。

（2）保鲜液浸泡　将芋头块置于保鲜液中浸泡 2min，利用 L_9（3^4）正交试验（表 1－3）确定浸泡液的最佳配方。

表 1－3　浸泡液正交试验因素水平表

水平	因素			
	A 柠檬酸/%	*B* 维生素 C/%	*C* 苯甲酸钠/%	*D* 食盐/%
1	0.1	0.05	0.02	0.3
2	0.2	0.07	0.03	0.5
3	0.3	0.08	0.04	0.7

（3）沥干　浸泡后放在通风良好的环境中沥干。

（4）包装　选用 25cm×15cm 的真空袋，每袋装 9 块，然后抽真空包装；选用 15cm×10cm×2cm 的托盘，每盘放 6 块，用保鲜膜密封。以未经保鲜液浸泡的芋头作为对照。注意封口时包装袋口不能受到污染，袋口不能有褶皱。在温度为 20℃，相对湿度为 75% 的环境中贮藏 3d 观察其品质的变化。

3. 产品的品质评价

（1）切割芋头货架期的评价　感官评价：成立 6 人小组于第 3 天对不同包装芋头进行分级评价，具体方法如下：

0 级：肉质洁白有光泽，未变色，具有正常的风味；1 级：切面及芋片轻微变黄，风味变淡；2级：切面及芋片变黄，且呈轻微水渍状；3级：真空包装产生胀袋，大部分呈水渍状，发黏，有异味。

（2）颜色　采用色差计测定不同包装芋头的 Hunter L^*、a^*、b^*，以 H_w 值表示白度。

$$H_w = 100 - \sqrt{[(100 - L^{*2})^2 + a^{*2} + b^{*2}]}$$

五、实验结果分析

相关实验结果及分析见表1－4。

表1－4　实验结果分析

实验名称		实验日期	
检验项目	结果		
感官评价 菌落总数[①] 色差 L^*、a^*、b^* 保鲜液最佳配方			
主要结论 问题分析与收获			

注：①检测标准按照 GB 4789．2—2010 执行。

六、思考题

1. 引起切分果蔬腐败变质的主要因素是什么？
2. 封口包装时要注意哪些问题？
3. 芋头切分时，如何减轻切面组织受到的伤害？
4. 切分果蔬加工有何优缺点？

实验四　胡萝卜丁的热风干制

一、实验原理

水分活度（A_w）是指溶液中水蒸气分压与相同温度下纯水蒸气压的比值。水分活度值对食品保藏具有重要意义，食品水分活度不同，其保藏稳定性也不同。当食品水分活度低于某一临界值时，食品中绝大多数微生物将无法生长，酶的构象改变，底物可移动性减弱，化学反应变慢，品质劣变速率受到控制，保质期得以延长。热风干燥是以加热空气为干燥介质，热空气与被干燥食品进行热交换，通过湿热转移，促使物料中的水分不断蒸发，水分活度下降，从而达到干制的目的。干制技术因其制品体积小、质量轻、便于运输、保质期长等优点在果蔬加工、肉制品加工、水产品加工中被广泛应用。

二、实验目的

了解常见的干燥方法与设备，掌握食品干制的一般过程，绘制食品干燥曲线，加深对食品干制原理的理解。

三、材料与设备

实验材料：胡萝卜、氯化钠（AR）、硝酸银（AR）、铬酸钾（AR）。

仪器设备：水果刀、电热恒温鼓风干燥箱、电子天平、电热恒温水浴锅、质构仪、电磁炉或燃气灶、不锈钢盆、不锈钢锅。

四、实验步骤

1. 原料处理

（1）清洗　选用新鲜原料，用自来水清洗，去除不可食部分。

（2）切分　把洗净的胡萝卜切成约 1.5cm×1.5cm×1.5cm 的块状。

（3）热烫　把切分好的胡萝卜分成两份：①对照：不热烫；②清水热烫（水沸腾后热烫 3～5min）。

（4）酶活性检验　用愈创木酚或联苯胺指示溶液＋双氧水检查酶的活性，如果有变色，说明酶没有完全失活，可适当延长热烫时间，再次检验，直至无变色现象，确定最佳热烫时间。

2. 干制

将待干燥物料平铺在竹筛上，放入干燥箱内。开始干燥时的温度为 65℃，每隔 2h 翻动一次物料，并调换竹筛在干燥箱内的上下位置。待物料干燥至半干状态时，可将干燥温度降低至 60℃。干燥时间根据物料感官状态而定。干燥结束后，取出物料冷却至室温、称量，用保鲜袋装好。

3. 干制品复水

称取一定质量（10～15g）的胡萝卜干放入 1L 烧杯中，加入 500mL 50℃的热水，在恒温条件下进行复水，每隔 0.5～1h 取出沥干后称取质量，直至质量基本无变化。

4. 产品的品质评价

（1）干燥比、复水比的计算　根据新鲜原料质量及干制品质量，计算出干燥比；根据复水用干制品质量及复水后质量，计算出复水比。比较不同预处理对干燥比、复水比的影响。

（2）复水曲线的绘制　根据复水期间样品质量变化与时间的关系，绘制出复水曲线。

（3）感官评价　观察和描述干制品的色泽、软硬程度、形态变化（如体积收缩程度）等。

五、实验结果分析

相关实验结果及其分析见表1－5。

表1－5　实验结果分析

实验名称		实验日期	
检验项目	结果		
感官评价 干制过程中质量、体积变化 干燥比、复水比 平均干燥速率 食品干制曲线绘制			
主要结论 问题分析与收获			

六、思考题

1. 产品厚度、干燥介质温度、空气流速对干燥速率的影响如何？
2. 干燥后期产品干燥速率有何变化？
3. 干燥速率对产品质量有何影响？

实验五　绿叶蔬菜的冷冻干燥

一、实验原理

冷冻干燥又称真空冷冻干燥，是将湿物料或溶液在较低温度（－10～－50℃）条件下冻结成固态，然后在真空条件下使其水分直接升华成气态，最终使物料脱水的干燥技术。

水的三种聚集态（称相态）即固态、液态和气态在一定条件下可相互转化，随着压力不断降低，冰点变化不大，而沸点则越来越低，越来越靠近冰点。当压力下降到某一值时，沸点即与冰点相重合，固态冰就可以不经液态而直接转化为气态，这时的压力称为三相点压力，其相应温度称为三相点温度。水的三相点压力为610.5Pa，三相点温度为0.0098℃。根据这个原理，可以先将食品的湿原料冻结至冰点以下，使原料中的水分变为固态冰，然后在适当的真空环境下，将冰直接转化为蒸汽而除去，再用真空系统中的水汽凝结器将水蒸气冷凝，从而使物料得到干燥。因此，冷冻干燥的基本原理是在低温低压下传热传质的机理。

二、实验目的

了解水的三相点及食品冷冻干燥的基本原理，了解冷冻干燥设备及其操作使用方法，掌握食品冷冻干燥加工工艺。

三、材料与设备

实验材料：菠菜、香菜。

仪器设备：冷冻干燥机、真空包装机、电子天平、低温冰箱。

四、实验步骤

1. 预处理

在冻干前，将摘洗干净、沥净水分的菠菜和香菜置于柠檬酸2g/L溶液中浸泡2～3min，然后准备预冻。

2. 预冻结

预冻温度低于菠菜和香菜共晶点的温度才能冻结，否则会出现鼓泡和干缩现象。菠菜共晶点的温度为－7～－2℃，香菜共晶点温度为－8～－3℃。菠菜应先放到－15℃的冰柜内，然后再继续降温到－30℃。香菜应先放到－20℃的冰柜内，然后再继续降温到－40℃。达到预冻温度后，需在此温度下保持1～2h，这样可以使物料冻透而不是立即进行升华干燥。

3. 升华干燥

兼顾传热、传质过程，菠菜冻干压力为30～60Pa比较适合，香菜冻干压力为20～50Pa比较合适。菠菜升华干燥时间为5～6h，香菜升华干燥时间为3～4h。

4. 解吸干燥、包装

主要目的是除去残留的吸附水。由于干燥层的阻力很大，吸附水逸出很困难，需要较高的温度和真空度。香菜解吸干燥的适宜温度为15～20℃，菠菜解吸干燥的适宜温度为30～35℃。

冻干后的菠菜和香菜疏松多孔，极易吸湿氧化，去除空气后应及时包装。冻干后产品采用塑料袋真空包装。

5. 冷冻干燥果蔬的品质评价

（1）复水率　将干燥后的物料样品分别称量后，放入常温水中浸泡10min后取出，分别称重，再重复上述过程，分别得出在常温水条件下10min、20min、30min时的复水率，基本上认为样品不再吸水。

$$\text{复水率}/\% = \frac{(\text{吸水后物料质量}-\text{吸水前物料质量})}{\text{吸水后物料质量}\times 100}$$

（2）升华速率的测定　实验时，将预冻后的材料称量，放入冻干室隔板上，封闭密封盖，启动真空泵，设定隔板温度，记录起始时间。当达到实验设计时间时，解除真空，迅速取出材料称量，通过下式计算平均升华速率（SR）。

$$SR = \frac{m_0 - m_t}{VT}$$

式中　m_0、m_t——分别为升华前和实验结束时材料的质量，g；

V——材料的总体积，mL；

T——升华时间，min。

（3）体积收缩率

$$\delta/\% = \frac{V_o - V_i}{V_o} \times 100$$

式中　δ——体积收缩率，%；

V_o——湿物料体积，mL；

V_i——干燥后物料体积，mL。

五、实验结果分析

相关实验结果及分析见表 1－6。

表 1－6　实验结果分析

实验名称		实验日期	
检验项目	结果		
复水率 菠菜 香菜 升华速率 菠菜 香菜 体积收缩率 菠菜 香菜			
主要结论 问题分析与收获			

六、思考题

1. 影响冷冻干燥速率的主要因素有哪些？
2. 如何加快冷冻干燥进程？
3. 隔板温度对冻干时间有何影响？
4. 冷冻干燥方法有何突出优势？又有何局限性？

实验六　低盐酱菜的腌制加工

一、实验原理

蔬菜的酱制是以盐腌保藏的咸坯菜为原料，经去咸排卤后进行酱渍。在酱渍过程中，酱料中的各种营养、风味成分和色素，通过渗透、吸附作用进入蔬菜组织内，从而制成滋味鲜甜、质地脆嫩的酱菜。

低盐酱菜是将传统工艺加工的酱菜半成品（含盐量20%～22%）进行切分、脱盐后添加各种佐料，改善风味，并通过装袋、杀菌等工艺改善其卫生质量，从而提高其保藏性，以适应消费者的健康需求，提高产品附加值。

二、实验目的

了解酱菜加工的工艺流程和加工原理，掌握低盐酱菜的加工方法。

三、材料与设备

实验材料：半成品酱腌菜坯（大头菜、油姜、榨菜、萝卜等）、香味料、复合袋。

仪器设备：夹层锅、离心甩干机、真空封口机、台秤。

四、实验步骤

1. 工艺流程

酱腌菜坯→切丝（或条、块、丁等）→低盐化→沥水→烘干→配料→称量→装袋→封口→杀菌→冷却→检验→成品

2. 参考配方

酱腌菜坯2000g、白砂糖120g、味精4g、醋1g、香辣油40g、苯甲酸钠1g。

3. 操作要点

（1）低盐化　将切好的菜坯丝与冷开水（或无菌水）以1∶2质量比混合，对菜丝洗涤3min，以除去部分盐分，实现低盐化，然后沥干水分，用烘箱进行干燥，去掉表面明水。

（2）配料　按参考配方将菜丝与香味料混合均匀。

（3）装袋、封口　按（100±2g）进行装料，装料结束，用干净抹布擦净袋口油迹及水分。采用真空包装机进行包装。封口不良的袋，拆开重封。

（4）杀菌　封口后及时进行杀菌，采用85℃蒸汽杀菌8min。

（5）冷却　杀菌后立即投入水中冷却至室温，以尽量减轻加热带来的不良影响。

4. 产品的品质评价

（1）感官指标　依原料不同应呈现相应的颜色，无黑杂物；味鲜，有香辣味；质

地脆嫩；菜丝大小基本一致。

（2）理化指标　食盐含量（以 NaCl 计）：7 ~ 8g/100g；氨基酸态氮（以 N 计）：≥0.148g/100g；总酸（以乳酸计）：≤0.8g/100g。

（3）微生物指标　大肠菌群近似值：≤30 个/100g；致病菌不得检出。

五、实验结果分析

相关实验结果及分析见表 1－7。

表 1－7　　实验结果分析

实验名称		实验日期	
检验项目	结果		
感官指标 理化指标 总酸 氨基酸态氮 食盐含量			
主要结论 问题分析与收获			

六、思考题

1. 在保证产品保质期的基础上，采用哪些杀菌方法能较好保持产品的感官品质？
2. 简述酱菜色香味的形成机理？

实验七　糖水菠萝罐头的加工

一、实验原理

果蔬原料经过预处理、调味、装罐、排气、密封、杀菌、冷却等工序，使罐内微生物死亡或失去活力，并破坏果蔬本身所含各种酶的活力，防止氧化作用，使罐内果蔬维持在密封状态下而得到较长期保存。

二、实验目的

了解糖水菠萝罐头加工原理，掌握保证产品质量的关键操作工艺。

三、材料与设备

实验材料：新鲜菠萝（果实新鲜饱满、不得有干瘪、发霉及病虫害、机械伤等缺陷；果实成熟度为75%～85%、色泽金黄、香味浓郁、果肉中可溶性固形物不低于10%）；砂糖。

仪器设备：加压杀菌锅、962#型罐、折光仪、手动封罐机、不锈钢锅、不锈钢盆、刀具、砧板。

四、实验步骤

1. 工艺流程

菠萝→切端去皮→切片→选片修正→漂洗→装罐→注糖水→排气→密封→杀菌→冷却→成品

2. 操作要点

（1）分选　选择大小、色泽、成熟度一致的果实。

（2）去皮　用刀将果实两端垂直于轴线切下，削去外皮，削皮时应将青皮削干净。

（3）切片　用刀将果实六等份纵向切开，去除果芯，果肉切成厚度为10～13mm的扇形块，要求切面光滑，厚度一致。

（4）选片清洗　检选大小基本一致的扇形块，用清水洗去果屑。

（5）空罐及罐盖消毒　将用清水冲洗过的空罐及罐盖放入85℃水中消毒5min。

（6）装罐　选择片形完整、色泽一致、无伤疤、斑点等缺陷的扇形片分别装罐，要求果肉排列整齐。每罐装罐量为240g。

（7）糖水配制　将原料菠萝挤汁用手持糖度仪测定含糖量，根据测定值用下式计算加入糖液的浓度。

$$Y = \frac{(m_2 Z - m_1 X)}{m_3}$$

式中　Y——含糖量，%；

m_1——每罐装入果肉量（240g）；

m_2——每罐加入糖液量（160g）；

m_3——每罐净质量（400g）；

X——菠萝果肉含糖量，%；

Z——要求开罐时糖液浓度，取15%。

称取所需砂糖和用水量，置于锅内加热溶解并煮沸后，用200目滤布过滤，柠檬酸按0.1%加入糖水中。每罐注入约160g糖水，注糖水时要注意留8～10mm的顶隙。

（8）排气、密封　将已装好罐的罐头放入沸水中，加热至罐中心温度为80～85℃，取出后用手动封罐机进行卷边密封。

（9）杀菌、冷却　将密封好的罐头在沸水浴中杀菌10min，杀菌结束后取出罐头放入流动水中冷却至约40℃。

（10）保藏 冷却后的罐头于37℃、相对湿度75%保藏，检测质量卫生指标，确定保质期。

五、实验结果分析

相关实验结果及分析见表1－8。

表1－8　　实验结果分析

实验名称		实验日期	
检验项目	结果		
感官品质 保温检验			
主要结论 问题分析与收获			

六、思考题

1. 要保证菠萝罐头的质量，加工过程中要注意哪几个主要环节？有哪些措施？
2. 制罐过程中为什么要排气？
3. 罐头经杀菌后，为什么要迅速冷却？制罐过程中为什么要进行倒罐处理？

实验八 蘑菇罐头的护色

一、实验原理

蘑菇是高蛋白、低脂肪、富含多种维生素的菇类食品。贮藏加工过程中，褐变是蘑菇品质下降的主要原因。褐变不但导致蘑菇色、味等感官性状下降，还会造成营养成分的损失。蘑菇褐变的原因主要有酶促褐变和非酶褐变，控制褐变的方法有加热钝化酶、添加褐变抑制剂护色、改变贮藏环境的条件等，其中护色是蘑菇罐头生产中的关键技术。

二、实验目的

了解罐头加工的工艺流程；掌握蘑菇褐变的控制方法和杀菌工艺参数的设定方法。

三、材料与设备

实验材料：蘑菇、精盐、柠檬酸、护色液、焦亚硫酸钠、清洗剂。

仪器设备：锅盆、整修刀、漂洗罐、预煮锅、分级机、排气箱、封罐机、杀菌锅、空罐（962#）、汤勺。

四、实验步骤

1. 工艺流程

原料→验收→护色→漂洗→预煮→冷却→分级→修整→配汤→装罐→排气→密封→杀菌→冷却→成品

2. 操作要点

（1）原料　要求蘑菇菌伞完整、无开伞、颜色洁白、无褐变及斑点。菇伞直径2～4cm，菇梗切剥平整，其长度不超过1.5cm，无畸形，不带泥。

（2）护色　采用护色液护色（在后面护色实验中详述）。

（3）漂洗　护色后原料以流动水漂洗30min。

（4）预煮　先将水煮沸，然后投入蘑菇，水量以淹没所有蘑菇为准，煮沸5min后迅速取出。水中加入0.0007%～0.1%柠檬酸，在95～98℃的条件下，预煮5～8min，煮后以流动水冷却。

（5）分级整理　按直径<18mm、18～20mm、20～22mm、22～24mm、>27mm分为五个等级。将带有泥根、柄过长或起毛、斑点、空心等问题的蘑菇进行修整。

（6）空罐和汤汁的准备　空罐必须经检查消毒后使用。汤汁为2.3%～2.5%沸盐水中加入0.05%柠檬酸，过滤后备用。

（7）装罐　采用962#型罐，净质量291g，蘑菇装225～235g、汤汁装165～180g，加汤时要求汤汁温度大于80℃。

（8）排气密封　热排气时罐中心温度为70～80℃，时间为8～10min，排气完毕后立即封罐。真空封罐时，真空度控制在4.67×10^4～5.33×10^4Pa，12min。

（9）杀菌与冷却　蘑菇易从栽培料中感染耐热芽孢菌，因此杀菌条件很重要。本实验采用杀菌条件为：10min—20min/121℃，反压冷却到38～40℃。

3. 护色实验

（1）取适量原料，立即浸入清水中放置30min后，按上述工艺做至成品；（2）取适量原料，立即浸入300mg/kg焦亚硫酸钠中，30min后，按上述工艺做至成品；（3）取适量原料，立即浸入0.3%～0.8%氯化钠水中，30min后，按上述工艺做至成品；（4）取适量原料，立即浸入500mg/kg焦亚硫酸钠中，2min后，按上述工艺做至成品。

以上4种方法，每种至少做3罐，标上标记，予以区别对比。

4. 杀菌保鲜实验

分别采用不同的杀菌条件制作样品，分析杀菌时间对产品的感官品质及其保质期的影响。

（1）采用杀菌式10min—10min/121℃（反压冷却）进行杀菌；（2）采用杀菌式10min—15min/121℃（反压冷却）进行杀菌；（3）采用杀菌式10min—20min/121℃（反压冷却）进行杀菌；（4）采用杀菌式10min—25min/121℃（反压冷却）进行杀菌；（5）采用杀菌式10min—30min/121℃（反压冷却）进行杀菌；（6）采用杀菌式10min—40min—10min/118℃（反压冷却）进行杀菌。

以上均按基本工艺流程做至成品，每种至少3罐。杀菌后每种取一罐于37℃保温箱中，一周后从外观、组织状态、形态、口感、酸度等方面开罐检验罐头品质。每种另取一罐于55℃保温箱中保温，一周后检验罐头品质。

五、实验结果分析

相关实验结果及分析见表1－9。

表1－9　实验结果分析

实验名称		实验日期	
检验项目	结果		
护色实验 杀菌保鲜实验			
主要结论 问题分析与收获			

六、思考题

1. 蘑菇变色及护色的原理是什么？不同的护色方法和成品的质量有何关系？
2. 预煮和杀菌时间对成品品质有何影响？

实验九　苹果酱的加工

一、实验原理

果酱是一种以食糖保藏、果胶凝胶作用为基础加工而成的、具有一定强度和结构的凝胶体食品。果酱因高糖溶液的渗透压作用，降低了水分活度，抑制了微生物生长繁殖，从而具有较好的保藏性。

二、实验目的

了解果酱制作的基本原理；熟悉果酱制作的工艺流程；掌握果酱加工工艺技术。

三、材料与设备

实验材料：苹果、柠檬酸、白砂糖、食盐、四旋瓶、果胶等。

仪器设备：手持糖量计、打浆机、电炉、过滤筛、不锈钢刀、不锈钢锅、台秤、天平等。

四、实验步骤

1. 工艺流程

原料→去皮→切半、去心→预煮→打浆→浓缩→装瓶→封口→杀菌→冷却

2. 参考配方

苹果5000g、水1500g、白砂糖5750g、柠檬酸12.5g、果胶12.5g。

3. 操作要点

（1）原料　成熟度适宜，含果胶、酸较多，芳香味浓的苹果制作的果酱风味较好。所选用的苹果应新鲜饱满、成熟度适中，风味良好，无虫、无病的果实，罐头加工中的碎果块也可使用。

（2）去皮、切半、去心　用不锈钢刀手工去皮，切半，挖净果心，且去皮后应立即护色。护色液可用1%食盐溶液、0.5%～1%柠檬酸溶液或0.1% $NaHSO_3$。

（3）预煮　在不锈钢锅内加适量水，加热软化15～20min，以便于打浆为准。预煮软化时，要求所需的升温时间要短，这样可避免苹果发生褐变。

（4）打浆　用筛板孔径0.70～1.0mm的打浆机打浆。

（5）浓缩　果泥和白砂糖比例为1∶0.8～1∶1（质量比），并添加0.1%左右的柠檬酸。先将白砂糖配成75%的浓糖浆煮沸过滤备用。按配方将果泥、白砂糖置于锅内，迅速加热浓缩。在浓缩过程中应不断搅拌，当浓缩至酱体可溶性固形物含量达60%～65%时即可出锅，出锅前加入柠檬酸，然后搅匀。

（6）装瓶　以250g容量的四旋瓶作容器，瓶应预先清洗干净并消毒。装瓶时酱体温度保持在85℃以上，并注意果酱沾染瓶口。

（7）封口　装瓶后及时手工拧紧瓶盖。瓶盖、胶圈均经清洗、消毒。封口后应逐瓶检查封口是否严密。

（8）杀菌、冷却　采用沸水杀菌，升温时间5min，沸腾（100℃）条件下保温15min之后，产品分别在65℃、45℃温水和凉水中逐渐冷却到37℃以下。

4. 产品的品质评价

（1）感官指标　酱体呈酱红色或琥珀色；均匀，无明显分层和析水，无结晶；具有苹果酱应有的芳香风味，甜酸适口，无异味；正常视力下无可见杂质，无霉变。

（2）理化指标　总糖含量（以转化糖计）不低于50%，可溶性固形物含量（按折光计20℃计）不低于60%。

五、实验结果分析

相关实验结果及分析见表1－10。

表1－10　　实验结果分析

实验名称		实验日期	
检验项目	结果		
感官指标 理化指标 总糖 可溶性固形物			
主要结论 问题分析与收获			

六、思考题

1. 果酱产品发生"晶析"的原因？如何防止？
2. 苹果酱加工中褐变的原因及防范措施有哪些？
3. 果酱产品发生汁液分离的原因有哪些？如何防止？
4. 影响果酱产品品质的因素有哪些？

实验十　果脯的加工

一、实验原理

果脯是经糖渍、干燥等工艺制成的略有透明感、表面无糖霜析出的制品。果脯制作的基本原理是利用高浓度糖液的较高渗透压，析出果实中的多余水分，降低水分活度，抑制各种微生物的生存而达到保藏的目的。根据这一原理，在制作果脯时应注意选择果实含水量较少、固形物含量较高、果实颜色美观、肉质细腻并具有韧性、耐贮运性良好、果核容易脱离的品种。

二、实验目的

了解果脯制作的基本原理；掌握果脯的基本制作工艺流程及操作要点。

三、材料与设备

实验材料：苹果、柠檬酸、白砂糖、亚硫酸氢钠、氯化钙。

仪器设备：电热夹层锅、手持糖量折光仪、热风干燥箱、不锈钢锅、电磁炉、不锈钢刀、台秤、天平、烧杯。

四、实验步骤

1. 工艺流程

原料选择→去皮→切分、去心→硫处理和硬化→糖煮→糖渍→烘干→包装

2. 操作要点

（1）原料选择　选用果型圆整、果心小、质地紧密和成熟度适宜的原料。

（2）去皮、切分、去心　手工去皮后，挖去损伤部分，将苹果对半纵切，再用挖核器挖掉果心。工序间护色用质量分数为0.5%～1%的柠檬酸。

（3）硫处理和硬化　将果块放入0.1%的氯化钙和0.2%～0.3%的亚硫酸氢钠混合液中浸泡4～8h，进行硬化和硫处理（或直接使用亚硫酸氢钙），若肉质较致密则只需进行硫处理。浸泡液以能淹没原料为准，浸泡时上压重物，防止上浮。浸后捞出，用清水漂洗2～3次备用。

（4）糖煮　在锅内配成与果块等质量的40%的糖液，加热沸腾后倒入果块，以旺火煮沸后，保持微沸状态至糖液渗透均匀。继续加糖，提高糖含量至50%，煮沸后保持微沸状态至糖液再次渗透均匀，重复此操作，使糖液含量缓慢增高至60%～65%，果实呈肥厚发亮透明时即可停火。在煮制过程中注意糖液要保持微沸状态，以防果实煮烂。

（5）糖渍　趁热起锅，将果块连同糖液倒入容器中浸渍24～48h。

（6）烘干　将果块捞出，沥干糖液，摆放在烘盘上，送入干燥箱，在60～65℃的温度条件下干燥至不粘手为宜，大约需要烘烤24h。

（7）整形和包装　烘干后用手捏成扁圆形，剔除黑点、斑疤等，装入食品袋或纸盒。

3. 产品的品质评价

（1）感官指标　色泽应为浅黄色至金黄色，具有透明感；呈碗状或块状，组织饱满，有韧性，不返砂，不流糖；甜酸适度，具有原果风味，无异味；无外来杂质。

（2）理化指标　总糖含量60%～65%；水分含量16%～20%。

五、实验结果分析

相关实验结果及其分析见表1－11。

表1－11　实验结果分析

实验名称		实验日期	
检验项目	结果		
感官指标 理化指标 总糖 水分			
主要结论 问题分析与收获			

六、思考题

1. 糖的吸湿性和结晶性对果脯的保藏品质有何影响？
2. 生产低糖果脯时如何保证成品饱满的组织状态？

实验十一　复合果汁型果冻的制作

一、实验原理

果冻属于果酱类制品，是以含果胶丰富的果品为原料，经软化、榨汁过滤后，加糖、酸和果胶，加热浓缩而成的。利用果实中的高甲氧基果胶来分散高度水合化的果胶束，因脱水及电性中和而形成胶凝体，果胶胶束在一般溶液中带负电荷，当溶液pH低于3.5，脱水剂含量达50%以上时，果胶即脱水并因电性中和而胶凝。在胶凝过程中，酸起到消除果胶分子中负电荷的作用，使果胶分子因氢键吸附而相连成网状结构，构成凝胶体的骨架。糖除了起脱水作用外，还作为填充物使胶凝体达到一定强度。根据果胶的形态，分为凝胶果冻和可吸果冻。凝胶果冻是指内容物从包装容器倒出后，能保持原有形态，呈凝胶状；可吸果冻是指内容物从包装容器倒出后，呈不定形状，凝胶不流散，无破裂，可用吸管直接吸食。当原料的果胶和果酸含量不足时，适量添加果胶或琼脂以及柠檬酸等酸味剂，从而使成品达到标准要求。

二、实验目的

了解制作果冻原料的特性与果冻制作的原理，掌握复合果汁型果冻加工工艺。

三、材料和设备

实验材料：苹果、山楂、维生素C、砂糖、海藻酸钠。

仪器设备：果汁机、调配罐、刀具、锅、勺、托盘、台秤。

四、实验步骤

1. 工艺流程

原料选择、清洗→果汁制备→果汁混合→溶胶→加糖、杀菌→浇模→包装→成品

2. 操作要点

（1）原料选择　①苹果：选用汁多、纤维少、无病虫害、无腐烂、酸甜度较高的国光苹果为原料。②山楂：选用无虫害、无腐烂、成熟度较高的鲜果。

（2）苹果汁的制备　①清洗去皮：将苹果用清水清洗干净，去皮。去皮方法可以用旋皮机或者手工去皮。

②切半、挖心、切块：将去皮后的苹果切成两半，用挖核刀挖去果心、蒂膜、用

不锈钢刀切成块状。切好的苹果放入0.1%的维生素C溶液中，防止褐变。

③榨汁、过滤：将切好的小块苹果放入果汁机榨汁。得到果汁后再用三层纱布过滤，得到苹果汁。

（3）山楂汁的制备　①清洗、去籽：将选好山楂果清洗干净，去除果柄、花萼，沥干水分。

②破碎、浸提：将完好的山楂果用果汁机进行适当破碎，将果核取出。破碎后进行果胶及其他营养物质浸提，加入果质量1.5~2倍的60℃浸提6~8h。

③过滤：用过滤机过滤或用三层纱布将浸提液挤压过滤。

（4）果汁混合　将果汁按苹果汁60%、山楂汁40%的比例，在调配罐内搅拌10~15min，混合均匀。

（5）溶胶　将混合好的果汁加热至40℃，加入占果汁质量0.8%的海藻酸钠，静置使胶完全溶胀。

（6）浓缩　称取占果汁质量40%的白砂糖，配成85%的糖浆，加热煮沸后过滤，加入已混合好的果汁中，最后将混合好的物料放入不锈钢锅中加热浓缩15~20min，当可溶性固形物含量达到68%以上时或其温度达到105℃左右时出锅。

（7）充填、封口　采用果冻自动充填封口机进行，塑料杯的规格为16~50mL。

（8）杀菌　采用沸水浴巴氏杀菌，时间为20min，灭菌后冷却。

五、实验结果分析

相关实验结果及分析见表1-12。

表1-12　　实验结果分析

实验名称		实验日期	
检验项目	结果		
感官指标 理化指标 总糖 可溶性固形物			
主要结论 问题分析与收获			

六、思考题

1. 果冻胶凝的机理是什么？
2. 保证果冻质量的关键步骤有哪些？

第二章 畜禽和乳制品保藏与加工工艺实验

实验一 肉制品腌制

一、实验原理

腌制是指用食盐、糖等腌制材料处理食品原料，使其渗入食品组织内，以提高其渗透压，降低其水分活度，抑制腐败微生物的活动，从而防止食品的腐败。食品腌制可以起到增加食品风味、稳定食品颜色、改善食品结构、延长食品保藏期的目的。腌制是食品保藏的常用方法之一。

腌制所使用的腌制材料通称为腌制剂。经过腌制加工的食品通称为腌制品，如腌菜、腊肉等。不同的食品类型，采用的腌制剂和腌制方法均不同。

二、实验目的

了解食品腌制保藏的基本原理，掌握肉制品腌制保藏技术，熟悉常见腌制剂的使用及腌制方法。

三、材料与设备

实验材料：猪肉、食盐、白糖、香辛料、酱油、三聚磷酸钠、维生素 C、亚硝酸钠及相关化学试剂。

仪器设备：冷藏柜、烘房或烤箱、刀具、砧板、包装机、天平、台秤、缸、燃气灶、真空包装机。

四、实验步骤

1. 原料肉选择与前处理

选用卫生检验合格的新鲜猪肉为原料，剔除皮骨、筋腱、肌膜等结缔组织，备用。

2. 腌制

配料：肉 10kg、精盐 280g、白糖 200g、三聚磷酸钠 40g、维生素 C 4.0g、亚硝酸钠 0.4g、水 2.5kg。将腌制液配好后与肉搅拌均匀，置于 8℃以下冷库或冰箱中腌 48h，腌制期间每隔 12h 手工搅拌一次。

3. 烘烤

将样品放入烘房或烤箱，平均温度45～50℃，24h后翻移，继续烘烤，当肉品表皮干燥并有出油现象时即可出炉。

4. 冷却、包装

将出炉后产品置于干燥的晾挂室内冷却，用防潮蜡纸包装或真空包装。

5. 保藏

包装后的产品置于5℃条件下保藏，真空包装的产品可在常温下保存1～3个月。

五、实验结果分析

相关实验结果及分析见表2－1。

表2－1　　　　实验结果分析

实验名称		实验日期	
检验项目	结果		
感官评价 亚硝酸盐① 过氧化值② 肉质品腌制关键控制点			
主要结论 问题分析与收获			

注：检测方法按以下执行：①《食品中亚硝酸盐与硝酸盐的测定》（GB/T5009.33—2003）；②《食用植物油卫生标准的分析方法》（GB/T5009.37—2003）。

六、思考题

1. 肉制品腌制过程中亚硝酸盐的变化规律有哪些？
2. 如何控制亚硝酸盐的生成量？
3. 影响腌肉制品质量与安全的因素有哪些？

实验二　腊肠的加工

一、实验原理

腊肠是指以肉类为原料，经切分、绞碎，配以辅料，灌入动物肠衣经发酵、成熟、干制而成的肉制品，是我国肉类制品中品种最多的一大类产品。腊肠一般以猪肉为主要原料，瘦肉与肥膘都制成小肉丁，原料不经长时间腌制，而需较长时间的晾晒或烘烤等成熟过程，使肉组织蛋白质和脂肪在适宜的温度、湿度条件下受微生物作用自然发酵，产生独特的风味。

二、实验目的

掌握腊肠制作的加工方法；了解并掌握腊肠制品的品质分析和品质控制方法。

三、材料与设备

实验材料：猪肉100kg（瘦肉70%，肥肉30%）、食盐2.8～3.0kg、白砂糖9～10kg、50度以上白酒3～4kg、一级生抽2～3kg、硝酸钠50g、口径28～30mm的猪小肠衣、清水14～20kg。

仪器设备：绞肉机、灌肠机、烘箱等。

四、实验步骤

1. 工艺流程

原料选择与处理→腌制→灌制→晾晒与烘烤→发酵成熟→成品贮藏

2. 操作要点

（1）原料选择与处理　原料肉以卫生检验合格的猪肉为主，最好是新鲜或冻猪前后腿肉。瘦肉用绞肉机以0.4～1.0cm筛板搅碎，肥肉切成0.6～1.0cm^3大小的肉丁。

（2）腌制　可将肥瘦肉分开腌制，也可一起腌制。肥瘦肉一起腌制时，先将加入的食盐、硝酸钠、糖、一级生抽用少量的温水拌匀，然后室温下腌制30min。腌制结束前，加入白酒，搅拌均匀，静置片刻即可灌制。

（3）灌制　把干或盐渍肠衣，在清水中浸泡柔软，洗去盐分。将拌好的馅料灌入肠衣，每隔一定间距打结，然后针刺肠身，将肠内空气和多余的水分排出，再用温水清洗表面油腻、余液，使肠身保持清洁。

（4）烘烤　将灌好的肠坯先在架子上挂置12h左右（温度低于15℃），然后在45～55℃的烘房内烘烤24～48h。

（5）发酵成熟　将烘烤后的肠悬挂于通风透气的场所风干10～15d，完成成熟发酵过程，可产生腊肠独有的风味。

（6）成品贮藏　腊肠在10℃左右温度下挂在通风干燥处，可保藏2个月。若在腊肠表面涂一层植物油，可延长保存时间。

3. 产品的品质评价

（1）感官指标　瘦肉呈红色、枣红色，脂肪呈乳白色，外表有光泽；腊香味纯正浓郁，具有中式腊肠固有的风味；滋味鲜美，甜咸适中；外形完整、均匀，表面干爽呈现收缩后的自然皱纹。

（2）理化指标　理化指标及要求见表2－2。

表 2-2 理化指标要求

项目	指标		
	特级	优级	普通级
水分/（g/100g）	≤25	≤30	≤38
氯化物（以 NaCl 计）/（g/100g）		≤8	
蛋白质/（g/100g）	≥22	≥18	≥14
脂肪/（g/100g）	≤35	≤45	≤55
总糖（以葡萄糖计）/（g/100g）		≤22	
过氧化值（以脂肪计）/（g/100g）	按《腌腊肉制品卫生标准》（GB2730—2005）的规定执行		
亚硝酸盐（以 $NaNO_2$ 计）/（mg/kg）	按《食品添加剂使用标准》（GB2760—2011）的规定执行		

五、实验结果分析

相关实验结果及分析见表 2-3。

表 2-3 实验结果分析

实验名称		实验日期	
检验项目	结果		
感官指标 过氧化值			
主要结论 问题分析与收获			

六、思考题

1. 腊肠成品有何特点？
2. 如何提高腊肠的加工质量？
3. 腊肠制备过程中的关键技术环节是什么？

实验三　清蒸牛肉罐头的加工

一、实验原理

清蒸类罐头的基本特点是最大限度地保持各种肉类原有风味。清蒸牛肉罐头是将处理后的原料直接装罐，再在罐内加入食盐、胡椒、洋葱、月桂叶等配料，经过排气、密封、杀菌后制成。

二、实验目的

理解罐头制作的基本原理；能够根据原料和工艺设计开发不同的罐头制品。

三、材料与设备

实验材料：牛肉2000g、精盐26g、洋葱末34g、白胡椒粉1g、月桂叶4片等。
仪器与设备：加热灶、刀具、蒸煮锅、杀菌锅等。

四、实验步骤

1. 工艺流程

原料验收→预处理→修整切块→装罐→排气、密封→杀菌→冷却→成品贮藏

2. 操作要点

（1）原料验收　牛肉应符合《鲜、冻分割牛肉》（GB/T 17238—2008）的要求，来自非疫区，并持有产地兽医检疫证明。

（2）预处理　原料的预处理包括冻肉解冻或鲜肉排酸。冻品原料的解冻在不锈钢解冻架上解冻，最佳解冻温度16～20℃，解冻时间控制在18h以内，解冻后的牛肉肌肉色鲜红，有光泽，脂肪呈乳白色或微黄色，无冰晶现象，肉中心温度不高于13℃；鲜品原料的排酸，温度控制在15℃，时间控制在72h以上。

（3）修整切块　去除肉中的粗组织膜、淤血、淋巴、粗血管、碎骨、软骨、大块脂肪及其他杂质，然后按部位将牛胸肉和牛腩肉切成6.5cm左右的方块，其他部位肉切成5cm左右的方块。

（4）装罐　装罐前将空罐清洗消毒，在罐内定量装入肉块、精盐、洋葱末、白胡椒粉及月桂叶等。

（5）排气、密封、杀菌　加热排气后先预封，罐内中心温度不低于65℃，密封后立即杀菌，杀菌温度121℃，杀菌时间根据罐型而定。杀菌后立即冷却到40℃以下。

（6）成品贮藏　冷却后要进行逐罐打检，挑出真空度达不到要求的罐头，合格产品贮藏于25℃以下仓库中。

五、实验结果分析

相关实验结果及分析见表2－4。

表2－4　　实验结果分析

实验名称		实验日期	
检验项目	结果		
感官评价			
主要结论 问题分析与收获			

六、思考题

1. 清蒸类罐头的特点有哪些？
2. 哪些因素会影响清蒸类罐头质量？

实验四　肉松的加工

一、实验原理

肉松是我国著名的特产，它是指瘦肉经高温煮制、炒制脱水等工艺精制而成的肌肉纤维蓬松成絮状或团粒状的干熟肉制品。肉松具有营养丰富、味美可口、易消化、食用方便、易于贮藏等特点。根据所用原料不同，可分为猪肉松、牛肉松、羊肉松、鸡肉松等；根据产地不同，我国有名的传统产品有太仓肉松、福建肉松等。

二、实验目的

熟悉和了解肉松加工的原辅料要求及加工原理；掌握肉松加工的工艺流程及操作要点。

三、材料与设备

实验材料：猪后腿瘦肉、酱油、白糖、味精、白酒、五香粉等。

仪器设备：炒松机、擦松机、跳松机、煮锅等。

四、实验步骤

1. 工艺流程

原料肉的选择与整理 → 煮制 → 炒压 → 炒松 → 擦松 → 跳松 → 拣松 → 成品贮藏

2. 基本配方

猪后腿瘦肉 10kg、酱油 1kg、白糖 1kg、味精 20g、白酒 100mL、五香粉 70g 等。

3. 操作要点

（1）原料肉的选择与整理　选用肉质细嫩、煮制易酥的猪后腿瘦肉为原料。对原料进行修整并切成肉块。切块时尽可能避免切断肌纤维，以免成品中短绒过多。

（2）煮制　煮制时间和加水量应根据肉质老嫩决定，煮肉时间一般为 2 ~ 3h。

（3）炒压　肉块煮烂后，改用中火，加入酱油、酒，边炒边压碎肉块。然后加入白糖、味精，减小火力，收干肉汤，并用小火炒压肉丝至肌纤维松散时即可进行炒松。

（4）炒松　炒松有人工炒和机炒两种。在实际生产中可人工炒和机炒结合使用，炒至其水分含量小于 20%。

（5）擦松　可利用滚筒式擦松机擦松，使肌纤维呈绒丝松软状态即可。

（6）跳松　利用机器跳动，使肉松从跳松机上面跳出，而肉粒则从下面落出，使肉松与肉粒分开。

（7）拣松　将肉松中焦块、肉块、粉粒等拣出，提高成品质量。

（8）成品贮藏　肉松的吸水性极强，长期贮藏最好装入玻璃瓶或马口铁盒中，短期贮藏可装入单层塑料袋内，贮藏于干燥处。

4. 产品的品质评价

产品的品质评价参照《肉松》（GB/T 23968—2009）。

（1）感官指标　呈絮状，纤维柔软蓬松，允许有少量结头，无焦头；呈浅黄色或金黄色，色泽基本均匀；味鲜美，甜咸适中，具有肉松固有的香味，无其他不良气味；无肉眼可见杂质。

（2）淀粉≤2%；水分（g/100g）≤20%；脂肪≤10%；氯化物（以 NaCl 计）≤7%；总糖（以蔗糖计）≤35%。

（3）重金属指标、微生物指标符合《熟肉制品卫生标准》（GB 2726—2005）的规定。

五、实验结果分析

相关实验结果及分析见表 2－5。

表 2－5　实验结果分析

实验名称		实验日期	
检验项目	结果		
感官指标			
主要结论 问题分析与收获			

六、思考题

1. 试比较不同肉松产品的成品特点和配方。
2. 肉松制作时炒松、擦松、跳松、拣松的作用分别是什么？

实验五　小红肠的加工

一、实验原理

小红肠又称维也纳香肠，味道鲜美，风行全球。将小红肠夹在面包中就是著名的快餐食品，因其形状像夏天时狗吐出来的舌头，故得名热狗（hot dog），它也是一种灌肠制品。

二、实验目的

熟悉和了解小红肠加工的原料、辅料要求；掌握小红肠加工的工艺流程及操作要点。

三、材料与设备

实验材料：牛肉、猪肉、肥膘、猪颊肉、冰、精盐、淀粉、白胡椒粉、豆蔻粉、味精、姜粉、磷酸盐、亚硝酸盐、红曲色素等。

仪器设备：绞肉机、斩拌机、灌肠机、烘箱等。

四、实验步骤

1. 工艺流程

原料→腌制→绞肉→斩拌→灌肠→烘烤→蒸煮→成品贮藏

2. 基本配方

牛肉 30kg、猪瘦肉 14kg、肥膘 20kg、猪颊肉 12kg、冰 24kg、精盐 3kg、淀粉 2.5kg、白胡椒粉 0.1kg、豆蔻粉 65g、味精 50g、姜粉 50g、磷酸盐 0.3kg、亚硝酸盐 4.5g、红曲色素适量。

3. 操作要点

（1）腌制　按照配方要求，将 2kg 精盐和亚硝酸盐加入瘦肉中，0～6℃条件下腌制 12h，肥肉切成丁，加入剩余精盐腌制 12h。

（2）绞肉　腌制后将牛肉和猪瘦肉绞碎成 3mm 大小的肉粒。

（3）斩拌　将绞碎的肉粒倒入斩拌机内斩拌数圈（先加牛肉后加猪肉），使之成为浆糊状，在斩拌中加入 1/8 的冰水，斩至 2～4℃。加入肥膘和所有配料继续斩拌，其他配料可事先用水调和，以液体的形式加入。此过程要不断加入剩余的冰水。在斩拌温度达到 12℃时结束。

（4）灌肠　肉馅灌入直径 1.8～2.0cm 的羊肠衣中，每 12cm 打一节。

（5）烘烤、蒸煮　在 65～68℃条件下烘烤 20～40min 至表皮干燥，然后在 70℃的锅中煮 15～20min 即可，肠入锅时水温应在 90℃左右，水中加入适量的红曲色素。

（6）成品贮藏　煮后的小红肠应立即在冷水中降温至中心温度 35℃，再送入冷却间继续冷却至中心温度 3～5℃，即为成品，在干燥处贮藏。

4. 产品的品质评价

感官指标：成品外观色红有光泽，内部呈粉红色，肉质细嫩有弹性，成品率为 115%～120%。

五、实验结果分析

相关实验结果及分析见表 2－6。

表 2-6　　实验结果分析

实验名称		实验日期	
检验项目	结果		
感官指标 出品率			
主要结论 问题分析与收获			

六、思考题

1. 小红肠的加工对原料选择有何要求？
2. 小红肠出现质量问题主要有哪些，如何控制？

实验六　烧鸡的加工与保藏

一、实验原理

烧鸡是一种风味菜肴，将涂过饴糖的鸡油炸后，用香料制成的卤水煮制而成。香味浓郁、味美可口，由于各地的饮食习惯及口味的不同，所形成的产品各具特点。以河南道口烧鸡、江苏古沛郭家烧鸡、安徽符离集烧鸡、山东德州扒鸡最为著名。本实验以河南道口烧鸡为例，介绍烧鸡的制作与保藏方法。

二、实验目的

理解油炸温度对烧鸡产品的影响；掌握烧鸡制作的工艺流程及操作要点。

三、材料与设备

实验材料：活鸡、砂仁、丁香、肉桂、陈皮、草果、豆蔻、食盐、良姜、白芷、硝酸钠等。

仪器设备：煤气灶、煮锅、台秤、案板等。

四、实验步骤

1. 工艺流程

原料鸡的选择→屠宰加工→造型→挂晾→打糖→油炸→煮制→冷却、包装→成品贮藏

2. 基本配方

活鸡 10 只、砂仁 1.5g、丁香 0.5g、肉桂 9g、陈皮 3g、草果 3g、豆蔻 1.5g、食盐 0.2~0.3kg、良姜 9g、白芷 9g、硝酸钠 1~1.5g 等。

3. 操作要点

(1) 原料鸡的选择　选择无病健康活鸡，体质量约1.5kg，鸡龄1年左右，鸡龄太长则肉质粗老，太短则肉风味欠佳。一般不用肉用鸡做原料。

(2) 屠宰加工　鸡在宰杀前需停食15h左右，同时给予充足饮水，以利于消化道内容物排出，便于操作，减少污染，提高肉的品质。宰杀方式为刺杀放血。放血后进行浸烫退毛，整个操作过程要小心，不要弄烂皮肤，以免造成次品。褪毛后开膛取内脏，清水冲洗干净，再放入清水中浸泡1h左右，取出沥干水分。

(3) 造型　烧鸡造型的好坏关系到顾客购买的兴趣，故烧鸡历来重视造型的继承和发展。道口烧鸡的造型似三角形（或元宝形），美观别致。将白条鸡放在案板上，腹部向上，左手按住鸡身，右手用利刀将肋骨和鸡椎骨中间处切断，并用手按拍，然后根据鸡体大小，选取高粱秆一段，放置腹内，将鸡撑开，将两腿交叉插入刀口内，两翅交叉插入口腔，使鸡成两头尖的半圆形。造型要求：鸡体要绷直，盘腿填腹，不歪不斜。

(4) 挂晾　造型后再用清水漂洗细毛，洗净余血，挂在干燥通风处，彻底晾去表皮水分以待油炸。

(5) 打糖　把饴糖或蜂蜜与水（质量比为3∶7）混合，加热溶解后，均匀涂擦于造型后的鸡外表。打糖均匀与否直接影响油炸上色的效果，如打糖不匀，造成油炸上色不匀，影响美观，打糖后要将鸡挂起晾干表面水分。

(6) 油炸　炸鸡用油宜选用植物油或鸡油，不能用其他动物油。油量以能淹没鸡体为度，先将油加热至170～180℃，将打糖后晾干水分的鸡放入油中炸制，其目的主要是使表面糖发生焦化，产生焦糖色素，而使体表上色。约经半分钟，鸡体表面呈柿黄色时，立即捞出。由于油炸时色泽变化迅速，操作时要快速敏捷。炸制时要防止油温波动太大，影响油炸上色效果。鸡炸后放置时间不宜长，特别是夏季应尽快煮制，以防变质。

(7) 煮制　不同品种的烧鸡风味各有差异，关键在于配料不同。配料的选择和使用是烧鸡加工中的重要工序，这关系到烧鸡口味的调和与质量的优劣。

煮制时，要根据白条鸡的质量按比例称取配料。香辛料须用纱布包好放在锅下面。把油炸后的鸡逐层排放入锅内，大鸡和老鸡放在锅下层，小鸡和幼龄鸡放在上层。上面用竹箅压住，再把食盐、糖、酱油加入锅中。然后加老汤使鸡淹没在液面之下，先用旺火烧开，把硝酸钠用少量汤液溶解后洒入锅中。改为微火烧煮，锅内汤液能徐徐起泡即可，切不可大沸，煮至鸡肉酥软熟透为止。从锅汤液沸腾开始计时，煮制时间为：一年左右的鸡约需1.5h，两年左右的鸡约需3h。煮好出锅即为成品。煮制时若无老汤可用清水，注意配料适当增加。

(8) 冷却、包装、贮藏　将卤制好的鸡静置冷却，既可鲜销，也可真空包装，冷藏保存。

4. 产品的品质评价

(1) 感官指标　色泽浅红，微带嫩黄，油润光亮，外形完整美观，肉质鲜嫩，咸淡适中，熟烂脱骨，具有浓郁的香味。

（2）理化指标　亚硝酸盐含量≤30mg/kg。

（3）微生物指标　菌落总数（cfu/g）≤1000、大肠菌群（MPN/100g）≤50、致病菌不得检出。

五、实验结果分析

相关实验结果及分析见表2-7。

表2-7　　实验结果分析

实验名称		实验日期	
检验项目	结果		
感官指标 微生物指标 菌落总数 大肠菌群			
主要结论 问题分析与收获			

六、思考题

1. 道口烧鸡产品的特点是什么？
2. 在烧鸡的制作过程中，要控制哪些关键点？
3. 结合实验体会，谈谈道口烧鸡加工中的注意事项。

实验七　无铅皮蛋的加工

一、实验原理

皮蛋又称松花蛋、变蛋、彩蛋。以鲜鸡蛋或其他禽蛋为原料经纯碱和生石灰或烧碱、食盐、茶叶等辅料配制而成的料液或料泥加工而成的蛋制品。皮蛋加工的基本原理是蛋白质遇碱发生变性而凝固。当蛋白和蛋黄遇到一定浓度的NaOH时，由于蛋白质分子结构受到破坏而发生变化，蛋白部分形成具有弹性的凝胶体，蛋黄部分则由蛋白变性和脂肪皂化反应形成凝固体。另外，由于蛋白质中的氨基与糖中的羰基在碱性环境中产生美拉德反应，使蛋白质形成棕褐色，蛋白质所产生的硫化氢和蛋黄中的金属离子结合，使蛋黄产生各种颜色。

二、实验目的

了解皮蛋的加工原理；掌握无铅皮蛋的加工工艺、加工特点和工艺要求。

三、材料与设备

实验材料：鲜鸭蛋、纯碱、生石灰、氯化锌、食盐、茶叶、水、黄泥、稻壳等。

仪器设备：混料缸、坛子、秤、照蛋灯等。

四、实验步骤

1. 工艺流程

配料 ↓

原料蛋挑选 → 洗蛋、晾干 → 装坛 → 泡制、成熟 → 出坛 → 检验 → 涂泥包糠 → 密封贮藏

2. 基本配方

鲜鸭蛋 10kg、纯碱 0.6kg、生石灰 1.5kg、氯化锌 6g、食盐 0.2kg、茶叶 0.2kg、水 4kg、黄泥、稻壳等。

3. 操作要点

（1）原料蛋挑选　原料蛋应是经感官鉴定，敲蛋及光照检查过的，大小基本一致、蛋壳完整的新鲜蛋。将挑好的原料蛋洗净、晾干。

（2）配料　先将纯碱、茶叶放入混料缸中，倒入沸水，充分搅拌使其全部溶解；然后分次投入生石灰，不能一次投入太多，待自溶后搅拌；取少量上层溶液溶解氯化锌，然后倒入料液中；加入食盐，搅拌均匀，充分冷却，捞出渣屑待用。

（3）装坛　将检验合格的鸭蛋一层一层横着放入清洁的坛中，最好在底层先铺一层麦秸草，以免最下层的蛋直接与硬坛底部相碰和受多层鸭蛋的压力而压破。蛋装好后，坛面放一些竹片压住，以防灌料液时蛋上浮。然后将晾至室温的料液充分搅拌，缓慢注入坛中，直至鸭蛋全部被料液淹没为止，盖坛盖。

（4）泡制、成熟　成熟期间室温要保持 20～25℃，并要定期检测。第一次检测在 7d 左右，用灯光透视，如发现蛋黄贴蛋壳一边，蛋白呈阴暗状，说明料液碱性太弱，需及时补料。若整个蛋大部分发黑，说明料液碱性太浓，必须提早出坛；第二次检测在 15d 左右，可以剥壳检查，此时蛋白已凝固，表面光洁，褐中带青，全部上色，蛋黄已变成褐绿色；第三次检测在 20d 左右剥壳检查，蛋白凝固很光洁，不粘壳，呈棕黑色，蛋黄呈绿褐色，蛋黄中心呈淡黄色溏心。

（5）出坛　经浸泡成熟的皮蛋应立即出坛。

（6）涂泥包糠　为了延长保存期，必须涂泥包糠。方法是用残料加黄泥调成浓厚浆糊状（忌掺生水）。两手戴手套，左手抓稻壳，右手用泥刀取 50～100g 料泥在稻壳上同时压平，将皮蛋放于泥上，双手团团搓几下即可包好。

（7）密封贮藏　包好料泥的皮蛋迅速装缸密封贮藏。保藏期间要注意避免料泥干

裂，甚至脱落，否则会引起皮蛋变质。

4. 产品的品质评价

（1）感官指标　外壳包泥或涂料均匀洁净，蛋壳完整，无霉变，振摇时无水响声；剖检时蛋体完整，蛋白呈青褐、棕褐或棕黄色，呈半透明状，有弹性，一般有松花花纹；蛋黄呈深浅不同的墨绿色或黄色，略带溏心或凝心，具有皮蛋应有的滋味和气味，无异味。

（2）理化指标　破次率≤7%；劣蛋率≤1%；水分66%～70%；总碱度5～10meq/100g；铅（以Pb计）≤2.0mg/kg，其他指标符合食品卫生标准。

五、实验结果分析

相关实验结果及分析见表2－8。

表2－8　实验结果分析

实验名称		实验日期	
检验项目	结果		
感官指标 理化指标 水分 总碱度 破次率和劣蛋率 铅			
主要结论 问题分析与收获			

六、思考题

1. 皮蛋成型、发色的原理是什么？
2. 皮蛋加工中各种辅料的作用有哪些？
3. 皮蛋质量受哪些因素控制？

实验八　蛋粉的加工

一、实验原理

蛋粉是指鲜蛋经过打蛋、分离、过滤、脱糖、巴氏杀菌、喷雾干燥除去其中水分而制得的粉末状食用蛋制品，含水量为4.5%左右。蛋粉的产品包括全蛋粉、蛋黄粉、蛋白粉以及高功能性蛋粉产品。蛋粉不仅很好地保持了鸡蛋应有的营养成分，而且具有显著的功能性质，具有使用方便卫生，易于储存和运输等特点，广泛应用于糕点、肉制品、冰淇淋等产品中。

二、实验目的

了解蛋粉的加工原理；掌握蛋粉的加工工艺流程及操作要点；了解蛋粉的质量评定标准。

三、材料与设备

实验材料：鲜鸡蛋、氢氧化钠、过氧化氢、葡萄糖氧化酶等。

仪器设备：过滤设备、加热器、喷雾干燥机、筛分机等。

四、实验步骤

1. 工艺流程

鸡蛋预处理→取蛋液→搅拌、过滤→脱糖→杀菌→喷雾干燥→冷却、筛粉→包装→成品贮藏

2. 操作要点

（1）鸡蛋预处理　选用质量合格的鲜蛋，剔除次蛋、劣蛋、破损蛋；洗去蛋表面感染的菌类和污物，然后用清水将蛋洗净并晾干；晾干后的鲜蛋放入氢氧化钠溶液中浸渍，消毒后取出再晾干。

（2）打蛋、搅拌、过滤　打蛋取蛋液，搅拌过滤，以去除蛋液中的碎蛋壳、蛋黄膜等，并使蛋液组织状态均匀一致。

（3）脱糖　调整全蛋液 pH 至 7.0 ~ 7.3 后加入 0.01% ~ 0.04% 葡萄糖氧化酶，同时加入占蛋白液量 0.35% 的 7% 过氧化氢，以后每小时加入同等量的过氧化氢。脱糖温度为 30℃，4h 内即可脱糖完毕。

（4）杀菌　蛋液脱糖后应立即进行杀菌。采用杀菌条件为 64 ~ 65℃、3min。

（5）喷雾干燥　杀菌后的蛋液如果黏度大，可少量添加无菌水，充分搅拌均匀，再进行喷雾干燥。在喷雾干燥前，所有使用工具设备必须严格消毒，由加热装置提供的热风温度以 80℃左右为宜。温度过高，蛋粉会有焦味，溶解度下降；温度过低，蛋液脱水不尽，使含水量过高。

（6）冷却、筛粉　喷雾干燥后应立即进行筛粉，筛粉的目的是将粗粉和细粉混合均匀，并除去蛋粉中的杂质和粗大颗粒，使蛋粉均匀一致。筛粉的同时达到冷却的目的。

（7）包装、贮藏　包装室应对空气采取调湿降温措施，室温一般控制在 20 ~ 25℃，空气相对湿度为 75% 为宜。长期贮藏可采用马口铁真空充氮包装；短期贮藏，则多采用聚乙烯塑料袋包装。

3. 产品的品质评价

（1）感官指标　巴氏杀菌全蛋粉应呈粉末状或极易松散的块状，颜色呈均匀淡黄

色，具有全蛋粉的正常气味，无异味，无杂质。

（2）理化指标　水分≤4.5%，脂肪≥42%，游离脂肪酸≤4.5%。

五、实验结果分析

相关实验结果及分析见表2-9。

表2-9　实验结果分析

实验名称		实验日期	
检验项目	结果		
感官指标 理化指标 水分 脂肪 游离脂肪酸			
主要结论 问题分析与收获			

六、思考题

1. 蛋粉加工中为何脱糖？除本实验所提到的脱糖方法外，还可采用哪些方法脱糖？
2. 在脱糖过程中为何不断加入过氧化氢？
3. 在食品工业中，干蛋粉有哪些应用？

实验九　蛋黄酱的加工

一、实验原理

蛋黄酱是以精炼植物油、食醋、鸡蛋黄为基本原料，通过乳化而制成的半流体食品。蛋黄酱中，不连续相的油滴分散在连续相的醋、蛋黄和其他组分之间，它属于一种水包油型的乳化物。蛋黄在该体系中发挥乳化剂的作用，醋、盐、糖等除调味作用外，还在不同程度上起到防腐的作用。

二、实验目的

了解蛋黄酱的制作原理；掌握蛋黄酱的配方、加工工艺流程及操作要点；了解蛋黄酱的质量评定标准。

三、材料与设备

实验材料：鲜鸡蛋500g、精炼植物油800g、食醋20g、白糖20g、食盐10g、奶油香精0.5mL、柠檬酸0.1g、芥末粉5g、山梨酸2g等。

仪器设备：混料罐、加热锅、打蛋机、胶体磨、封口机等。

四、实验步骤

1. 工艺流程

取蛋黄→蛋黄杀菌→混料搅拌→均质→包装→成品贮藏

2. 操作要点

（1）取蛋黄　鸡蛋去除蛋清，取蛋黄打成匀浆。

（2）蛋黄杀菌　将蛋黄液加热至60℃，在此温度条件下保持30min，以杀灭沙门菌，冷却至室温待用。

（3）混料搅拌　加热精炼植物油至60℃，然后加入山梨酸，缓缓搅拌使其溶于油中，呈透明状冷却至室温待用。

先将蛋黄液加入到打蛋机中，再加入部分食醋，边搅拌边加入精炼植物油，油的加入速率不大于100g/min，搅打成淡黄色的乳化物。随后，依次加入剩余的醋和其他配料，搅打均匀。

（4）均质　混料后的蛋黄液用胶体磨均质成膏状物。

（5）包装、贮藏　成品蛋黄酱多采用尼龙/聚乙烯复合包装，热合封口，应存放于阴凉干爽处，如开盖，则需冷藏保存。

3. 产品的感官评价

感官指标：色泽浅黄、均匀、有光泽；形态为糊状、不流散、表面无油滴；口味清香、口感绵软、细腻。

五、实验结果分析

相关实验结果及分析见表2-10。

表2-10　实验结果分析

实验名称		实验日期	
检验项目	结果		
感官指标			
主要结论 问题分析与收获			

六、思考题

1. 在蛋黄酱的制作过程中，各种配料的作用是什么？如何添加？
2. 在本实验中，哪些因素稳定了产品品质？还可采用哪些方法延长蛋黄酱的保藏期？

实验十　凝固型发酵酸乳的加工

一、实验原理

凝固型发酵酸乳是指乳及乳制品在特征菌的作用下，分解乳糖产酸，导致乳 pH 下降，使乳酪蛋白在等电点附近形成沉淀凝聚物，呈冻胶状态的酸甜适口的即食性乳品。在最终产品中必须含有大量的活性微生物。

二、实验目的

了解酸乳发酵的基本原理；掌握凝固型发酵酸乳的生产工艺流程和工艺操作要点。

三、材料与设备

实验材料：市售纯牛乳、市售原味酸乳、白砂糖。

仪器设备：发酵瓶、不锈钢锅、水浴锅、培养箱、玻璃棒等。

四、实验步骤

1. 工艺流程

纯牛奶→调配→杀菌→冷却→接种→搅拌→灌装→发酵→冷藏→成品

2. 操作要点

（1）原料乳要求　原料乳为市售纯牛乳，要求酸度在 18°T 以下，非脂乳固形物量不应低于 8.5%，并且乳中不得含有抗菌素和防腐剂等阻碍因子。

（2）调配　原料乳中加入白砂糖，添加量一般为 5% ~8%。具体方法是在少量的原料乳中加入白砂糖，加热溶解，过滤后倒入原料乳中混匀即可。

（3）杀菌　将加糖后的乳添加于不锈钢锅中，然后置于 90 ~95℃的水浴中。保持乳温不低于 90℃、10min，然后冷却到 40 ~45℃。

（4）接种　将市售原味酸乳按照质量比 1∶6 的比例加入到灭菌乳中，搅拌均匀。

（5）灌装　将发酵瓶用水浴煮沸消毒 20min，然后将添加发酵剂的乳分装于发酵瓶中，添加量不超过容器的 80%，装好后封口。

（6）发酵　将装瓶的乳置于培养箱中。短时发酵要求温度保持在 40 ~45℃，发酵时间2.5~4h；长时发酵要求温度为30~32℃，发酵时间10~12h。达到凝固状态即可终止发酵。

（7）冷藏　发酵好的凝固酸乳，应立即置于0~5℃的冷库或冰箱中冷藏24h以上，进一步产香且有利于乳清吸收。

3. 产品的品质评价

产品的品质评价参照GB 19302—2010。

（1）感官指标　色泽均匀一致，呈乳白色或微黄色；具有发酵乳特有的滋味、气味；组织细腻、均匀，允许有少量乳清析出。

（2）理化指标　脂肪≥3.1g/100g；蛋白质≥2.9g/100g；酸度≥70.0°T；非脂乳固体≥8.1g/100g。

五、实验结果分析

相关实验结果及分析见表2-11。

表2-11　实验结果分析

实验名称		实验日期	
检验项目	结果		
感官指标			
酸度			
主要结论			
问题分析与收获			

六、思考题

1. 影响凝固型发酵酸乳质量的主要因素有哪些？
2. 若是制作搅拌型酸乳，本实验的工艺流程和操作要点应如何进行调整？

实验十一　奶油的加工与保藏

一、实验原理

奶油是乳经分离去掉脱脂乳后所得的稀奶油，经杀菌、成熟、搅拌、压炼而制成的乳制品。奶油不仅营养丰富，而且香醇味美。优质奶油呈均匀一致的乳白色或乳黄色，质地柔软、细腻，气味芬芳。

二、实验目的

理解稀奶油分离和奶油压炼的基本原理；掌握奶油的生产工艺流程和工艺操作要点；了解奶油加工设备使用基本常识。

三、材料与设备

实验材料：鲜牛乳、10% 碳酸钠溶液。

仪器设备：碟片式奶油分离机、奶油搅拌机、奶油压炼器。

四、实验步骤

1. 工艺流程

原料乳→预处理→分离→中和→杀菌→成熟→搅拌→排除酪乳→洗涤→压炼→包装→成品贮藏

2. 操作要点

（1）原料乳的质量要求　原料乳必须来自健康奶牛的正常乳。含抗生素或消毒剂的原料乳不能用于生产奶油。乳质量略差而不适合制造乳粉、炼乳时，可用于制作奶油。初乳由于含乳清蛋白较多，末乳脂肪球过小，均不宜制作奶油。

（2）预处理　取出原料乳，用双层纱布过滤，以防固体杂质混入分离机后发生堵塞等事故。将过滤好的乳液水浴加热至 35 ~ 40℃。

（3）分离　启动奶油分离机，待碟片高速稳定转动后，再将原料乳徐徐加入奶油分离机，使稀奶油分离充分。分离机的转速越高，分离效果越好，但不应超过分离机设计所规定的转速。分离时，进乳量要比分离机所规定的流量稍低些为宜。一般，稀奶油与脱脂乳的比例为 1∶10 ~ 1∶11 较合适，稀奶油的含脂率应为 30% ~45% 。

（4）中和　先配好 10% 碳酸钠溶液，边搅拌边加入到稀奶油中，中和后的滴定酸度以 20 ~ 22°T 为宜。

（5）杀菌　稀奶油的杀菌一般采用 85 ~ 90℃ 的巴氏杀菌。稀奶油含有金属气味时，应将温度降到 75℃、10min 杀菌；有其他特异气味时，应将温度提高到 93 ~ 95℃。

（6）成熟　经杀菌后的稀奶油必须进行冷却，在低温下经过一段时间的物理成熟。一般采用 8 ~ 10℃、8 ~ 12h 的成熟条件。

（7）搅拌　将成熟后的稀奶油置于搅拌机中，利用机械冲击力使脂肪球膜破坏而形成脂肪团粒，搅拌时分离出来的液体称为酪乳。搅拌最初温度为 8 ~ 14℃ 为宜，当搅拌时温度在 30℃ 以上或 5℃ 以下时，则不能形成奶油粒。搅拌机转速为 40r/min 左右，时间为 30 ~ 60min。搅拌后形成的奶油粒直径以 0. 5 ~ 1. 0cm 为宜，酪乳含脂率为 0. 5% 左右。

（8）洗涤　稀奶油搅拌形成奶油粒后，即可放出酪乳，并进行洗涤。一般水洗的水温在 3 ~ 10℃，水洗次数为 2 ~ 3 次，每次的用水量以与酪乳等量为原则。

（9）压炼　奶油的压炼在压炼器中进行。奶油压炼完成后含水量要在 16% 以下，水滴必须达到极微小的分散状态，奶油切面上不允许有流出的水滴。

（10）包装　包装过程中应注意保持卫生，切勿用手接触奶油；包装时切勿留有空隙，以防发生霉斑或氧化变质。

（11）成品贮藏　奶油包装好后，要尽快送入冷库中贮存。当贮存期为2～3周时，可以放在0℃的冷库中；当贮存期为6个月以上时，应存放在－15℃的冷库中；当贮存期超过1年时，应放入－25～－20℃的低温冷库中。

3. 产品的品质评价

产品的品质评价参照GB 19646—2010。

（1）感官指标　呈均匀的乳黄色；具有奶油的滋味和气味；均匀一致，无肉眼可见异物（检测方法：取适量试样置于50mL烧杯中，在自然光下观察色泽和组织状态，闻其气味，用温开水漱口，品尝滋味）。

（2）理化指标　水分≤16.0%；脂肪≥80.0%；酸度≤20.0°T。

五、实验结果分析

相关实验结果及分析见表2－12。

表2－12　实验结果分析

实验名称		实验日期	
检验项目	结果		
感官指标			
理化指标			
水分			
脂肪			
酸度			
主要结论			
问题分析与收获			

六、思考题

1. 分离稀奶油的原理是什么？
2. 影响奶油质量的关键控制点有哪些？

实验十二　全脂乳粉的加工

一、实验原理

乳粉是以鲜乳或脱脂乳为主要原料，添加一定数量的植物或动物蛋白质、脂肪、维生素、矿物质等配料，除去乳中几乎全部的水分，干燥后而制成的粉末状乳制品。

乳粉中水分含量很低，质量减轻，为贮藏和运输带来了方便。本实验以全脂乳粉为例，学习其加工方法。

二、实验目的

掌握全脂乳粉生产的基本原理和方法；了解工艺条件不同对产品质量的影响；了解乳粉的质量评价标准。

三、材料与设备

实验材料：全脂乳、稀奶油和脱脂乳。

仪器设备：加热锅、真空浓缩机、喷雾干燥器。

四、实验步骤

1. 工艺流程

原料乳验收→标准化→杀菌→真空浓缩→喷雾干燥→出粉→筛粉→包装→成品贮藏

2. 操作要点

（1）原料乳验收　只有优质的原料乳才能生产出优质的乳粉，原料乳必须符合国家标准规定的各项要求，严格地进行感官检验、理化检验和微生物检验。

（2）标准化　成品的指标要求为脂肪含量≥26%，水分≤5%。以1kg成品乳粉为基准，使用全脂乳、稀奶油和脱脂乳配制所需的标准化乳。

（3）杀菌　使用加热锅对标准化乳进行杀菌，85℃保持5~10min。

（4）真空浓缩　标准化乳杀菌后立即进行真空浓缩。浓缩程度一般为乳体积的1/4，乳固形物含量为45%~50%，相对密度为1.089~1.100。

（5）喷雾干燥　喷雾干燥是采用机械力量，通过雾化器将浓缩乳在干燥室内喷成极细小的雾状乳滴，使其表面积大大增加，加速水分蒸发速率。雾状乳滴一经与同时鼓入的热空气接触，水分便在瞬间（0.01~0.04s）蒸发除去，使细小的乳滴干燥成乳粉颗粒。整个干燥过程仅需15~30s。

（6）筛粉　干燥后的乳粉用机械振动筛筛粉，筛底网眼为40~60目，过筛的目的是将粗粉和细粉混合均匀，并除去乳粉团块、粉渣，使乳粉均匀、松散，便于冷却。筛粉的同时达到冷却的目的。

（7）包装、贮藏　包装室应对空气采取调湿降温措施，室温一般控制在20~25℃，空气相对湿度以75%为宜。长期贮藏可采用马口铁真空充氮包装，保藏期可达3~5年；短期贮藏，则多采用聚乙烯塑料袋包装，每袋500g或250g，用高频电热器焊接封口。

3. 产品的品质评价

参照GB19644—2010。

五、实验结果分析

相关实验结果及分析见表 2－13。

表 2－13　　实验结果分析

实验名称		实验日期	
检验项目	结果		
感官指标 水分			
主要结论 问题分析与收获			

六、思考题

1. 乳粉加工的原理是什么？
2. 如果生产脱脂乳粉，工艺应该如何设计？
3. 影响乳粉质量的关键因素有哪些？

实验十三　硬质奶酪的加工

一、实验原理

奶酪又称干酪、乳酪、芝士等，具有各式各样的味道、口感和形式。奶酪以奶类为原料，制作过程中通常加入发酵剂和凝乳酶，造成其中的酪蛋白凝结，使乳品酸化，再将固体分离、压制为成品。大多奶酪呈乳白色至金黄色。传统的奶酪含有丰富的蛋白质和脂肪，维生素 A，钙和磷。现代也有用脱脂牛奶制作的低脂肪奶酪。中国的奶酪品种除了西方的传统奶酪制品，还有各种非乳酸菌制成的奶酪。

二、实验目的

理解奶酪制作的基本原理；掌握硬质奶酪的生产工艺流程和工艺操作要点；了解奶酪的质量评价标准。

三、材料与设备

实验材料：鲜牛乳、发酵剂、凝乳酶、食盐、10%　$CaCl_2$。

仪器设备：加热锅、奶酪槽、堆积槽、奶酪刀、奶酪耙、成型器、压榨机。

四、实验步骤

1. 工艺流程

原料乳验收 → 标准化 → 杀菌 → 添加发酵剂 → 加入添加剂 → 添加凝乳酶 → 凝块切割 → 搅拌及加热 → 排出乳清 → 堆积 → 加盐 → 成型 → 成熟 → 成品贮藏

2. 操作要点

（1）原料乳验收　原料乳必须来自健康奶牛的正常乳，应符合《生乳》（GB19301—2010）要求。

（2）标准化　为保证每批干酪的质量均一，调整原料乳中的脂肪和非脂乳固体之间的比例，使其比值符合产品要求。脂肪含量要求为2.8%～3.5%，脂肪和酪蛋白比例以1∶0.7为宜。

（3）杀菌　标准化后的原料乳采用63℃、30min或75℃、15s的巴氏杀菌，杀菌后直接打入奶酪槽中，冷却至30～32℃。

（4）添加发酵剂　杀菌乳边搅拌边加入发酵剂，添加量为乳量的1%～2%，并在30～32℃条件下发酵15～30min。

（5）加入添加剂　预先配成10% $CaCl_2$溶液，按照100kg乳中加入5～10g$CaCl_2$的量进行添加。为使产品的色泽一致，通常每1000kg乳中加入30～60g胡萝卜素等色素物质。

（6）添加凝乳酶　用1%食盐水将凝乳酶稀释成2%的溶液，在30～32℃条件下保温30min，然后沿奶酪槽边缓缓加入到乳中，充分搅拌均匀后加盖。

（7）凝块切割　添加凝乳酶后，在30～32℃条件下静置30min左右，即可达到凝乳要求。凝乳形成后，用奶酪刀把凝块切割成边长10mm左右的立方体。静置15～20min，准备进行热缩。

（8）搅拌及加热　用奶酪耙轻轻搅拌，以免产生碎屑，同时又必须经常搅拌，以避免凝乳颗粒板结。初期要缓慢加热，每3～5min升高1℃；当温度升至35℃时，每隔3min升高1℃；当温度达到38～42℃时，停止加热并维持此时温度。

（9）排出乳清　当凝块收缩至原来的一半，用手捏奶酪粒感觉有适度弹性时，即可排出全部乳清。

（10）堆积　将奶酪粒堆积在专用的堆积槽中，上面用带孔木板压5～10min，压出乳清使其成块。

（11）加盐　将所需食盐散布在奶酪粒（块）中，添加量为1%～3%。

（12）成型　将奶酪切成砖形或小立方体，装入成型机中进行成型。

（13）成熟　将生鲜奶酪置于10～12℃、相对湿度85%～90%条件下，经过3～6个月成熟。

（14）成品贮藏　成品奶酪需要保存于干燥通风的地方，不应将奶酪与生食或未洗干净的食物放置在一起。短期贮藏，温度需控制在5～10℃之间；长期贮藏应在冷冻条件下保存。

3. 产品的品质评价

参照 GB 5420—2010。

五、实验结果分析

相关实验结果及分析见表 2 - 14。

表 2 - 14　　实验结果分析

实验名称		实验日期	
检验项目	结果		
感官指标 水分 酸度 蛋白质			
主要结论 问题分析与收获			

六、思考题

1. 影响硬质奶酪质量的关键控制点有哪些？
2. 若是制作软质奶酪，本实验的工艺流程和操作要点应如何进行调整？

实验十四　冰淇淋的加工与保藏

一、实验原理

冰淇淋是以稀奶油（棕榈油）、牛乳、糖类为主要原料，加入蛋品、香料及稳定剂等，经杀菌后冷冻而成的体积膨胀的混合物。生产冰淇淋的各种原料经过充分混合和水合作用，稳定性和黏度充分提高。然后在强制搅拌下使物料冻结，同时空气以极微小的气泡状态均匀分布于混合料中，使冰淇淋中的水分形成微细的冰结晶。这样就形成了由微细的固体冰晶、黏稠的未结晶液态混合物和具有稳定包膜的细小气泡组成的三相食品——冰淇淋。

二、实验目的

掌握冰淇淋制作的基本原理；掌握冰淇淋的生产工艺流程及关键工艺与质量控制点。

三、材料与设备

实验材料：水、全脂淡乳粉、稀奶油、白砂糖、明胶、甘油硬脂酸酯、羧甲基纤维素钠、香精。

仪器设备：加热锅、混料罐、搅拌器、均质机、冰淇淋凝冻机、冰箱等。

四、实验步骤

1. 工艺流程

原料混合配制→加热→均质→杀菌→冷却→成熟→凝冻→装杯→硬化→成品贮藏

2. 基本配方

水50%、全脂淡乳粉9.3%、稀奶油25%、白砂糖15%、明胶0.4%、甘油硬脂酸酯0.2%、羧甲基纤维素钠0.1%、香精0.2%。

3. 操作要点

（1）原料混合配制　按配方溶解所需的配料，搅拌均匀。

（2）加热、均质　将混合后的原料加热至60℃，在18~20MPa的压力条件下均质。

（3）杀菌、冷却、成熟　均质后的混料液采用75℃、20min的巴氏杀菌。杀菌后，料液立即冷却至4℃，并在此温度下保持4h以上，进行老化成熟。

（4）凝冻　凝冻又称搅冻，是将老化后的混合料注入凝冻机容积的1/2量，在-5~-2℃的条件下剧烈搅拌，使空气以微小的气泡均匀分布于混合料中，使其增容，且使20%~40%的水分成为微细冰结晶，须搅拌15min左右，即可出料分装于容器中，此时称为软质冰淇淋。

（5）硬化、成品贮藏　经过包装成型的冰淇淋要尽快送往冷冻室（-18℃以下）进行12h左右的硬化，即为硬质冰淇淋，制成后冷冻贮藏。

4. 产品的品质评价

参照SB/T 10013—2008。

五、实验结果分析

相关实验结果及分析见表2-15。

表2-15　实验结果分析

实验名称		实验日期	
检验项目	结果		
感官指标 总固形物 膨胀率			
主要结论 问题分析与收获			

六、思考题

1. 冰淇淋中各配料在生产工艺中起什么作用？
2. 膨胀率对冰淇淋的质量有何影响？影响冰淇淋膨胀率的因素有哪些？

第三章 水产品保藏与加工工艺实验

实验一　大黄鱼气调保鲜

一、实验原理

气调包装（modified atmosphere packaging，MAP）是采用人工混合气体代替包装袋内的空气，改变食品贮藏环境，延长食品保鲜期的一种包装方法。早在20世纪30年代，英国、美国和瑞典的科学家就对水产品采用气调包装，证明气调包装可减缓产品品质的下降速率，延长新鲜水产品的货架期，增加产品的安全性，改善产品的品质，如颜色、气味、口感及营养等。

通过改变贮藏环境的气体成分，使引起食品腐败的大多数微生物的生长繁殖被抑制，达到保持食品的生鲜风味、延长贮藏期的目的。

二、实验目的

了解气调保藏的基本原理，掌握水产品气调保藏的技术及产品质量控制。

三、材料、试剂与设备

实验材料：市售冰鲜大黄鱼，聚偏二氯乙烯－聚酰聚乙烯复合薄膜。

实验试剂：氯化钠、乙醇、碘、结晶紫、番红、溴甲酚绿、无水碳酸钠、氧化镁、硼酸、盐酸、甲基红、次甲基蓝、氢氧化钾、磷酸二氢钾、磷酸氢二钾。

仪器设备：低温冰箱、气体混合机、多功能气调包装机、酸度计、液相色谱仪、培养皿、高压灭菌锅等。

四、实验步骤

1. 原料预处理

原料鱼为市售冰鲜大黄鱼，选用大小基本一致的大黄鱼，每尾质量250～300g，在冰水中清洗干净，备用。

2. 包装与处理

将大黄鱼装入包装袋中，每袋一尾。用气体混合机按比例进行气体混合，用多功能气调包装机经抽真空、充气和热封三道工序进行气调包装。气体组成比例：①30% CO_2/70% N_2；②60% CO_2/40% N_2；③75% CO_2/25% N_2；④真空组。对照组用100%空气包装。

3. 贮藏

将包装好的样品放置在冷藏箱冷藏，温度为（4±1）℃。

4. 取样检测

在冷藏期间定期取样，对样品的感官指标、菌落总数、大肠菌群、挥发性盐基氮等进行测定。

五、实验结果分析

相关实验结果及分析见表3-1。

表3-1　实验结果分析

实验名称		实验日期	
检验项目	结果		
感官指标 菌落总数① 挥发性盐基氮（TVB-N）②			
主要结论 问题分析与收获			

注：检测标准按照①《菌落总数测定》（GB 4789.2—2010），②《食用植物油卫生标准的分析方法》（GB/T5009.37—2003）执行。

六、思考题

1. 气体成分对大黄鱼贮藏品质及货架期有何影响？
2. 引起大黄鱼腐败变质的关键因素有哪些？
3. 栅栏技术（低温与气体成分协调作用）对大黄鱼贮藏性有哪些影响？

实验二　海参冷冻干燥与保藏

一、实验原理

冷冻干燥技术是将含水物料在低温状态下冻结，然后在真空条件下使冰直接升华为水蒸气并除去，从而脱去物料中的水分使物料干燥的一项新技术。它是随制冷、真空、生物、电子等技术的发展而迅速兴起的一项多学科综合应用技术，在食品保藏中已广泛应用。

冷冻干燥的突出优点是相平衡温度低，物料干燥时的温度低，所以特别适合热敏性食品以及易氧化食品的干燥，可以保留新鲜食品的色、香、味及维生素等营养物质，比其他干燥方法生产的食品更接近于新鲜食品。物料中的水分升华后，水分存在的空间基本保持不变，故干燥后制品仍不失原有的固体框架结构，能够保持原有的形状。

真空冷冻干燥是先将物料冻结到共晶点温度以下，使物料中的水分变成固态的冰，然后在适当的真空度下，使冰直接升华为水蒸气。再用真空系统中的水汽凝结器（捕水器）将水蒸气冷凝，从而获得干燥制品的技术。

二、实验目的

了解冷冻干燥的基本原理和冷冻干燥的特点，掌握冷冻干燥设备的基本构造和操作流程。

三、材料与设备

实验材料：鲜活海参。

仪器设备：真空冷冻干燥机、刀具、天平、电磁炉或燃气灶、不锈钢锅、不锈钢盆。

四、试验步骤

1. 工艺流程

原料选择与预处理→水发处理→预冻→真空冷冻干燥→成品

2. 操作要点

（1）原料选择　选用鲜活刺参，在海参腹部距离肛门 1/4 体长处，剪开长约 1/4 海参体长、平行于海参体的开口，将海参内脏清除，并用清水洗净海参内腔。

（2）盐渍、水发处理　挑选品质好、外形完整、肉质厚度相近的盐渍海参，沿有缺口的一侧纵向剖开，清水洗净。再采用传统的水发工艺水发海参，要严格控制水发海参的大小。

（3）预冻　在 -25℃条件下冷冻 18h，使水分充分冻结。

（4）真空冷冻干燥　冷冻干燥条件：冷阱温度 -30℃，真空度 10 ~ 20Pa，冻干最终温度 40℃。

3. 产品的品质评价

参照 SC/T 3206—2009。

五、实验结果分析

相关实验结果及分析见表 3-2。

表 3－2　　　　实验结果分析

实验名称		实验日期	
检验项目	结果		
感官评价			
干制前后质量、体积变化测定			
干燥比、复水比			
主要结论			
问题分析与收获			

六、思考题

1. 冷冻干燥海参与其他干燥方法制备的干海参的主要差异是什么？
2. 冷冻干燥海参有哪些需要改进之处？

实验三　虾仁微波干燥与保藏

一、实验原理

微波是指频率在 0.3～300GHz 的高频电磁波，微波干燥实质上是一种微波介质加热干燥。微波在快速变化的高频磁场中与物质分子相互作用，微波能被吸收而产生热效应，把微波能量直接转换为介质热能，达到干燥的目的。微波干燥均匀，产品质量好，可选择性加热，热效率高，反应灵敏。与传统干燥方式相反，具有指向物料表面的温度梯度，具有较高的干燥速率。此外，微波还具有较强的穿透性，物料从内部加热，加热时间短，加热速率快，对形状复杂的物料有均匀加热性，且容易控制。

介质物料在没有外加电场的情况下，对外呈中性，在外电场的作用下将被极化。如果把介质物料外加电场变为交变电场，则介质物料的分子被反复极化，随着外加电场变化频率越高，反复极化的运动就越强烈，从电磁场所得到的能量就越多。同时，在反复极化的剧烈运动中分子又在相互作用，从而使分子间摩擦也变得越剧烈，这样就把分子从电磁场中所吸收的能量变成了热能，从而达到使电介质升温的目的。从物料表面蒸发水分时，物料内部形成一定的温度梯度，加速了水分自物料内部向表面移动，从而达到干燥的目的。

二、实验目的

掌握微波干燥的基本原理和微波干燥的特点，掌握微波干燥设备的基本构造和操作流程。

三、材料与设备

实验材料：新鲜虾仁。

仪器设备：微波炉（功率可调）、天平、电热恒温鼓风干燥箱。

四、实验步骤

1. 工艺流程

挑选原料 → 洗涤 → 去头、去皮、去内脏 → 修整 → 清洗 → 热烫 → 冷却沥水 → 铺盘 → 微波干燥 →成品→ 称重、检测

2. 操作要点

（1）原料选择　微波干燥对食品原料的体积大小有一定要求，挑选均一的新鲜虾仁进行干燥实验。

（2）微波干燥　将原料铺盘后放入微波炉内进行干燥，并就微波功率、干燥时间、虾仁大小和装载量等因素对微波干燥工艺进行优化。

3. 检测指标

每隔1min进行一次称量并记录，比较不同处理对干燥的影响。

在进行干燥前，先检验经预处理的虾仁的初始含水率；在实验中，数字显示温度控制仪检测干燥温度变化，电子天平测定虾仁质量变化求得物料含水率。

五、实验结果分析

相关实验结果及分析见表3-3。

表3-3　　实验结果分析

实验名称		实验日期	
检验项目	结果		
感官评价 干制前后质量、体积变化测定 干燥比、复水比 平均干燥速率 食品干制曲线绘制			
主要结论 问题分析与收获			

六、思考题

1. 微波功率、虾仁大小、干燥时间对虾仁干燥品质的影响？
2. 微波干燥的原理及物料湿热转移的途径有哪些？

实验四 鱼肉制品烟熏保藏工艺

一、实验原理

烟熏保藏是一种传统的食品保藏技术。烟熏保藏是将经过腌制的原料置于烟熏炉中，利用烟熏材料不完全燃烧产生的熏烟，在一定的温度下使食品干燥并吸收木材烟气，熏制一段时间使制品水分降低至所需含量，并使其具有特殊的烟熏风味，改善色泽，延长保藏期。烟熏鱼制品具有制造工艺简单、营养丰富、风味独特、食用方便等特点。

二、实验目的

掌握烟熏保藏的基本原理；了解常用的烟熏方法与过程；熟悉控制烟熏制品质量的关键技术。

三、材料与设备

实验材料：鲤鱼或鲢鱼、盐、香辛料、木屑等。

仪器设备：烟熏炉、质构仪、天平、烧杯、刀具、托盘。

四、实验步骤

（一）冷熏法

1. 工艺流程

原料→去头、内脏、鳞→洗净→盐渍→脱盐→调味→浸渍→干燥→烟熏→包装→成品

2. 操作要点

（1）原料的选择与处理　原料鱼要求鱼体完整，气味、色泽正常，符合制作烟熏制品的鲜度标准。洗净鱼体上的污物，去除头、尾、腮和内脏等，用清水漂洗。将鱼分成均匀几块，称量鱼的质量。

（2）盐渍　盐渍的目的是使鱼肉脱水、肉质紧密，并具有一定的咸味。盐渍可采用干盐法进行，可在容器的底部撒一层约 1cm 厚的食盐，按一层鱼一层盐的方式整齐排列。用盐量为 15% ~20%，盐渍温度以 5 ~10℃为宜。

（3）脱盐　脱盐是在水中或在稀盐溶液中浸渍，采用流水脱盐的效果更好。脱盐的目的主要有两个，一是除去剩余的食盐，二是除去容易腐败的可溶性物质。脱盐时间受原料种类、大小、鲜度、水温、水量和流水速率的影响。脱盐程度的判定方法是将脱盐后的鱼烤熟后品尝，以稍带咸味为宜。

（4）调味浸渍　用脱盐后鱼体质量 50% 的调味液进行调味浸渍，在 5 ~10℃的条

件下，浸渍3h以上。调味液参考配方为：水1000g、食盐40g、砂糖20g、味精20g、核酸调味料4g。

（5）干燥　浸渍后的原料沥干调味液后，在熏制前必须先进行风干，除去鱼体表面的水分，使烟熏容易进行，用18～20℃的冷风至表面干燥为止。

（6）烟熏　烟熏在烟熏炉中进行，冷熏的理想温度为24℃左右，最低为18℃。烟熏的前3天，温度为18～20℃，第4天起温度升至20～22℃，一周以后升为23～25℃。当水分含量为40%左右时可停止烟熏过程。开始时若温度过高，会引起鱼体破损，品质下降。

（7）包装　熏制完成后整形包装，用塑料复合袋真空包装，产品可常温保藏3个月左右。

（二）温熏法

温熏法是将原料置于添加有食盐的调味液中，进行数分钟或数小时的短时间调味浸渍，然后在烟熏室中用30～90℃的温度进行数小时到数天的烟熏干燥，这一熏制方法称为温熏法。

1. 工艺流程

原料→[去头、内脏、鳞]→[洗净]→[调味、浸渍]→[干燥]→[烟熏]→[包装]→成品

2. 操作要点

（1）原料的选择与处理　将符合鲜度标准的原料鱼去除头、尾、腮和内脏等，用清水漂洗。将鱼分成均匀几块，称量鱼的质量。

（2）调味浸渍　用脱盐后鱼体质量50%的调味液进行调味浸渍，浸渍时间根据鱼片厚薄、鱼的种类、温度和制品要求而定，一般在5～10℃的条件下浸渍2h左右。调味液参考配方为：水1000g、食盐5g、砂糖150g、味精5g、酱油80g、山梨酸1g、香辛料少许。

（3）干燥　浸渍后的原料在熏制前必须先进行风干，除去鱼体表面的水分，使烟熏容易进行。风干时用40℃左右的热风吹至表面干燥为止。

（4）烟熏　烟熏开始时温度为30℃，随着烟熏的进行温度逐步上升，至最后的1～2h温度达70～90℃。烟熏时间根据鱼片厚薄、鱼的种类和制品要求而定，一般为3～8h。温熏制品的水分含量一般在55%～65%。

（5）包装　温熏完成后将制品冷却至室温，整形包装，用塑料复合袋真空包装，要长时间保藏必须冷冻或杀菌后罐藏，常温保藏只能存放5d左右。

五、实验结果分析

相关实验结果及分析见表3－4。

表 3-4　　实验结果分析

实验名称		实验日期	
检验项目	结果		
感官评价① 苯并芘含量② 烟熏产品的关键控制点			
主要结论 问题分析与收获			

注：检测方法按①《肉与肉制品卫生标准的分析方法》（GB/T5009.44—2003），②《食品中苯并（α）芘的测定》（GB/T5009.27—2003）执行。

六、思考题

1. 不同烟熏方法对鱼制品有何影响？
2. 改变加工中的工艺参数对品质有何影响？烟熏产品的关键控制点有哪些？

实验五　豆豉鲮鱼罐头的加工

一、实验原理

鲮鱼俗称土鲮、鲮公、雪鲮，是鲤科野鲮亚科鲮属。鲮鱼是一种生活在气候温暖地带的鱼类，主要分布在华南地区。鲮鱼富含丰富的蛋白质、维生素 A、钙、镁、硒等营养元素，肉质细嫩、味道鲜美。

豆豉鲮鱼罐头是以鲜（冻）鲮鱼、豆豉等为主要原料，经预处理、装罐、密封、杀菌、冷却而制成的罐头产品。对原料的盐渍处理，能够脱除部分血水和可溶性蛋白质，改变成品色泽，防止罐内血蛋白凝结，还可使鱼肉组织收缩变硬。油炸是罐头生产中使用较多的一种脱水方法，能使原料蛋白质凝固，肉质紧密，这样既便于装罐，又利于调味液充分渗入肌肉中，还可保证固形物含量。鲮鱼经盐渍、油炸等并适当调味后密封在容器或包装袋中，通过杀菌使大部分微生物营养细胞被杀死，在室温下得以长期保藏。

二、实验目的

了解盐渍和油炸的作用；掌握水产调味罐头的加工方法。

三、材料与设备

实验材料：鲮鱼、各种调味料、抗硫涂料罐（或玻璃瓶）等。

仪器设备：油炸锅、夹层锅、切刀等。

四、实验步骤

1. 工艺流程

原料选择与整理（冻鱼解冻）→盐腌→清洗→油炸和浸调味料→装罐→排气及密封→杀菌→冷却

2. 操作要点

（1）原料选择与整理　条装用的鲮鱼每条质量0.11～0.19kg，段装用的鲮鱼每条质量0.19kg以上。将活鲜鲮鱼去头、剖腹、去内脏、去鳞、去鳍，用刀在鱼体两侧肉层厚处划2～3mm深的线。

（2）盐腌　10kg鲮鱼的用盐量：4～10月份生产时为0.55kg，11月至翌年3月份生产时为0.45kg。将鱼和盐充分拌搓均匀后，装于桶中，上面加压重石，鱼与石之比为1∶1.2～1∶1.7；腌制时间：4～10月份为5～6h，11月至翌年3月份为10～12h。

（3）清洗　盐腌完毕，移去重石迅速将鱼取出，避免鱼在盐水中浸泡，用清水逐条洗净，刮净腹腔黑膜，取出沥干。

（4）调味汁的配制

①调味料配方（单位：kg）：丁香0.12、桂皮0.09、甘草0.09、沙姜0.09、八角茴香0.12、水7、酱油0.1、砂糖0.15、味精0.002。

②香料水的配制：将丁香、桂皮、甘草、沙姜、八角茴香按上述用量放入夹层锅中内，微沸熬煮4h，去渣后得香料水6.5kg备用。

③调味汁的配制：香料水5kg，酱油、砂糖、味精按上述用量混合均匀，待溶解后过滤，总量调节至6.26kg备用。

（5）油炸和浸调味汁　将鲮鱼投入170～175℃的油中炸至鱼体呈浅茶褐色，炸透而不过干为准，捞出沥油后，将鲮鱼放入65～75℃调味汁中浸泡40s，捞出沥干。

（6）装罐　采用抗硫涂料501、603或500mL罐头瓶。将容器清洗消毒后，按表3－5要求进行装罐。将豆豉去杂质后水洗一次，沥水后装入罐底，然后装炸鲮鱼，鱼体大小大致均匀，排列整齐，最后加入精致植物油，净含量为227g加51g、净含量为300g加75g。

表3－5　豆豉鱼罐头净含量和固形物含量

罐号	净含量		固形物						
	标明净含量/g	允许公差/%	含量/%	规定质量/g	其中鱼占比		其中豆豉占比		鱼允许公差/%
					%	G	%	G	
涂料501罐头瓶	227	±3.0	≥90	204	60	136	≥15	≥40	±11.0
涂料603罐头瓶	227	±3.0	≥90	≥204	60	136	≥15	≥40	±11.0
500mL罐头瓶	300	±5.0	≥90	270	60	180	≥15	≥45	±9.0

（7）排气及密封　热排气罐头中心温度达80℃以上，趁热密封；采用真空封罐时，真空度为0.047～0.05MPa。

（8）杀菌和冷却杀菌公式（热排气）　10min—60min—15min/115℃。将杀菌后的罐冷却至40℃左右，取出擦罐入库。

3. 产品的品质评价

产品的品质评价按照表3－6、表3－7进行。

表3－6　感官指标

项目	要求	
	优级品	一级品
色泽	炸鱼呈黄褐色至茶褐色，油为黄褐色	炸鱼成黄褐色至深茶褐色，油为深黄褐色
滋气味	具有豆豉鲮鱼罐头应有的滋味和气味，不得有异味	
组织形态	质地紧密，软硬及油炸适度。条装：鱼体排列整齐，每条质量35～90g，允许添称小块一块；段装：块形较均匀	质地紧密，软硬及油炸较适度。条装：鱼体排列较整齐，每条质量20g以上，允许添称小块两块；段装：块形大致均匀

表3－7　理化指标

项目	指标	
	优级品	一级品
净含量	应符合《定量包装商品计量监督管理办法》的规定	
固形物含量*	≥90% 其中鱼≥60%，豆豉≥15%	≥90% 其中鱼≥50%，豆豉≥15%
氯化钠含量	≤6.5%	

注：*固形物含量偏差要求：罐头固形物含量在245g以下的允许偏差为±11%，固形物含量在246～500g时的允许偏差为±8.9%，固形物含量在1600g以上的允许偏差为±4%。

五、实验结果分析

相关实验结果及分析见表3－8。

表3－8　实验结果分析

实验名称		实验日期	
检验项目	结果		
感官指标			
理化指标			
固形物含量			
氯化钠含量			
主要结论			
问题分析与收获			

六、思考题

1. 影响豆豉鲮鱼质量的因素有哪些？
2. 油炸调味的关键问题是什么？

实验六　茄汁蛤肉软罐头的加工

一、实验原理

软罐头是一种新兴的罐头食品，它是用复合塑料薄膜袋代替铁罐或玻璃罐来包装食品，并经杀菌后能长期保存的袋装食品，又称蒸煮袋食品。它具有质量轻、体积小、开启方便、耐贮藏的特点，是人们旅游、航行、登山时的佳品。

贝类不仅营养丰富、美味可口，而且含有丰富的牛磺酸，对各个年龄的人群都具有营养保健功能，深受消费者的喜爱。将蛤肉充填于“复合薄膜袋”中，经真空包装、杀菌加热等，可制成软罐头而长期保存。

二、实验目的

了解软罐头的加工原理；掌握茄汁蛤肉的生产工艺及加工技术。

三、材料与设备

实验材料：鲜活蛤蜊、复合薄膜包装袋、各种调味料。

仪器设备：真空包装袋封口机、杀菌锅、不锈钢锅、液化气炉、天平、不锈钢盘等。

四、实验步骤

1. 工艺流程

蛤肉原料→清洗→分选→腌渍→沥水→蛤肉表面涂面粉→油炸→真空包装→杀菌→冷却→成品

2. 基本配方

（1）茄汁配方　番茄酱420g、砂糖100g、精盐14g、味精2.5g、精制植物油160g、冰醋酸0.75g、香料水300、油炸洋葱12g、配料总量1000g。

（2）香料水配方（单位：kg）　月桂叶0.08、丁香0.03、水10、精盐0.05、香料水总量10g。

（3）配制方法　将香辛料和水一同在锅内煮沸1h左右，用开水调整至规定总量过滤备用，将植物油加热至190℃，倒入洋葱炸至黄色再加番茄酱、糖、盐、辣椒加热至沸，最后加入酒、味精、冰醋酸充分混合备用。

3. 操作要点

（1）取肉　蛤蜊暂养去沙，拣去死蛤、碎蛤和包泥蛤，用清水洗净。将蛤蜊置于热蒸汽中1min左右，取出蛤肉，用清水洗净。

（2）腌制　将蛤肉用质量为其两倍的10%食盐水腌渍3~5min，取出漂洗，沥干水分。

（3）裹粉　用蛤肉质量10%的面粉，涂拌在蛤肉表面。

（4）油炸　放入160~180℃的油中炸3~5min，使拌粉蛤肉表面呈淡黄色。

（5）真空包装　采用三层复合袋（PET/AL/CPP），规格130mm×170mm，计量140g装袋。趁热称量，蛤肉与调味汁按10:1的比例装入复合薄膜包装袋中，真空封口。装袋后立即进行真空密封热合，真空度控制在0.093MPa。

（6）杀菌、冷却　在118℃条件下，杀菌30min。杀菌完毕的产品，冷水中冷却至40℃左右，取出并擦干表面水滴。

（7）保温检验出锅后，立即擦净袋表面水分入库，（37±2）℃保温7d进行检查，剔除胀袋，质检合格的即为成品。

五、实验结果分析

相关实验结果及分析见表3-9。

表3-9　　实验结果分析

实验名称		实验日期	
检验项目	结果		
感官评价 保温检验			
主要结论 问题分析与收获			

六、思考题

1. 影响产品质量的因素有哪些？
2. 装袋时封口处被汁液污染对产品有何影响？

实验七　鲍鱼软罐头的加工

一、实验原理

由于市场上销售的鲍鱼大多是干制品，烹调工序繁多，食用极不方便。利用食品罐藏的原理，将鲍鱼加工成软罐头，可方便食用、便于携带，且耐保藏。

二、实验目的

了解鲍鱼原料和加工特性；掌握鲍鱼软罐头的加工技术。

三、材料与设备

实验材料：市售鲜活鲍鱼、食盐、白砂糖、味精、鲜姜、花椒、八角、胡椒粉、五香粉、白醋、料酒。

仪器设备：刀具、容器、不锈钢铁锅、真空包装机、高压锅。

四、实验步骤

1. 工艺流程

原料→预处理→沥干水分→调味液腌制→脱水→真空包装→反压杀菌→成品→保温检查

2. 操作要点

（1）原料选择　选择达到商品规格的鲍鱼，个体健康，体表有光泽而无溃烂现象，肥满度好。

（2）原料预处理　将鲜活的鲍鱼首先用刷子刷去其表面黑色污渍，然后用剪刀将贝壳与软体部分分离，除去内脏，并用水洗净。

（3）腌制　将洗净的鲍鱼放入腌制液中于4℃条件下腌制3h。腌制调味液配方：水：100份、食盐：3.5份、味精：0.8份、蒜粉：2份、姜汁：3份。

（4）脱水　将腌制好的鲍鱼置于50℃干燥箱中脱水3h。目的是防止鲍鱼因加热杀菌而导致其水分的渗出，影响产品的外观。

（5）包装与杀菌　用耐高温高压蒸煮袋对脱过水的鲍鱼包装，利用真空包装机封口后立即高温杀菌，杀菌公式：15min—5min—反压冷却/121℃。

（6）保温检查杀菌后应进行冷却，擦干袋上的水，置于37℃条件下保温贮藏7d，检查是否有胀袋现象发生。

五、实验结果分析

相关实验结果及分析见表3－10。

表3－10　　实验结果分析

实验名称		实验日期	
检验项目	结果		
感官评价 保温检验			
主要结论 问题分析与收获			

六、思考题

1. 杀菌时间和杀菌温度对鲍鱼质地、口感有什么影响?
2. 如何根据软罐头的杀菌条件确定鲍鱼的保质期?

实验八　鱼松的加工

一、实验原理

鱼松是一种以鱼肉为原料，经蒸煮、调味、炒制等工艺操作，使鱼类肌肉失去水分，制成色泽金黄、绒毛状的干制品。鱼松疏松可口，是一种营养美味的食品。鱼松所含的多种营养成分中最突出的是蛋白质和钙的含量高，维生素 B_1、维生素 B_2 和烟酸含量也很高。鱼松所含蛋白质多属可溶性，脂肪熔点也低，结缔组织少，容易被人体消化吸收；因此鱼松是供给幼儿蛋白质和钙质的优良食品，是儿童壮骨、智力发育的最佳食品。鱼松对老人、病人的营养摄食尤其有帮助。

肌肉纤维较长的鱼类是制作鱼松的优质原料。鱼松的制作工艺主要包括蒸煮、去皮、去骨、调味炒松、凉干等。

二、实验目的

了解鱼松的加工原理；掌握鱼松的制作方法。

三、材料与设备

实验材料：青鱼或草鱼、鲢鱼、鲤鱼等，以及罗非鱼、鳕鱼等加工中的碎肉，酱油、葱姜、调味料等。

仪器设备：蒸锅、炒锅、电炉、盘子等。

四、实验步骤

1. 工艺流程

原料选择与整理→蒸煮→脱皮、骨→拆碎、凉干→调味炒松→凉干→包装

2. 基本配方

鱼肉 1kg、猪骨（或鸡骨）汤 1kg、水 0.5kg、酱油 400mL、白糖 0.2kg、葱姜 0.2g、花椒 0.25g、桂皮 0.15g、茴香 0.2g、味精适量。

3. 操作要点

（1）原料选择与预处理　鱼类的肌纤维长短不同，原料肉色泽、风味等都有一定差异，制成的鱼松状态、色泽及风味各不相同。大多数鱼类都可以加工鱼松，以白色肉鱼类制成的鱼松质量较好。目前生产中主要以带鱼、鲱鱼、鲐鱼、黄鱼、鲨鱼、马

面鲀等为原料，近年来也有许多厂家采用草鱼、鲢鱼等为原料生产鱼松。鱼松加工的原料要求鲜度在二级以上，决不能用变质鱼生产鱼松。

鱼洗净，去鳞之后由腹部剖开，去内脏、黑膜等，再去头，充分洗净，滴水沥干。冻鱼可在室温下自然解冻，或在解冻池中加清洁水解冻。

（2）脱腥　将解冻后的鱼碎肉，浸泡在1.0%的食醋溶液中，大约浸泡30min后即可用清水漂洗。

（3）蒸煮　沥水后的鱼，放入蒸笼，蒸笼底要铺上湿纱布，防止鱼皮、肉黏着和脱落到水中，锅中放清水（约容量的1/3）然后加热，水煮沸15min后即可取出鱼。

（4）去皮、骨　将蒸熟的鱼趁热去皮，拣出骨、鳍、筋等，留下鱼肉。

（5）压榨　将鱼肉用筛绢包好后，放入压榨机内，将鱼肉中水和油压出。

（6）调味炒松　调味液配制：先将原汤汁放入锅中烧热，然后按上述用量放入酱油、桂皮、茴香、花椒、糖、葱、姜等，最好将桂皮等放入纱布袋中，以防混入鱼松的成品中，待煮沸熬煎后，加入适量味精，取出放入瓷盘中待用。

洗净的锅中加入生油（最好是猪油）熬熟，将鱼肉放入炒锅中，慢火炒至鱼肉含水30%左右；然后边炒边慢慢加入调味料，至调味料全部加入后，反复翻炒，直至色泽和味道均很适合为止。炒松过程需注意水分的控制，水分过低鱼肉纤维易被损坏，有时还会炒焦，水分过高则不利保藏。

（7）凉干与包装　炒好的鱼松自锅中取出，放在白瓷盘中，冷却后包装。

4. 产品的品质评价

（1）感官指标　鱼松感官评价标见表3-11。

表3-11　鱼松感官指标

项目	要求
色泽	淡黄色、色泽均匀
形态	丝纤维状
组织	肉质疏松，有咀嚼劲，无僵丝，无结块
滋味及气味	滋味鲜美，咸甜适宜，具有烤鱼特有香味，无焦糊味
杂质	无杂质

（2）理化指标　水分12%～16%，蛋白质52%以上。菌落总数≤3×10^4cfu/g；大肠菌群≤40MPN/100g；致病菌不得检出。

五、实验结果分析

相关实验结果及分析见表3-12。

表 3－12　　实验结果分析

实验名称		实验日期	
检验项目	结果		
感官指标 理化指标 水分 菌落总数			
主要结论 问题分析与收获			

六、思考题

1. 按照鱼松质量要求进行感官评价，找出问题并分析原因。
2. 哪些工艺操作会影响鱼松的质量？

实验九　烤鱼片的加工

一、实验原理

制作烤鱼片的原料可以是淡水产的鲢鱼、草鱼等（一般需要脱腥工艺），也可利用海产的低值鱼类。以鱼类为原料，通过剖片、漂洗、调味、烘干、滚压拉松等工艺操作，制成水分含量较低的片状鱼制品。

二、实验目的

了解淡水鱼的腥味产生的原理和去除方法；掌握烤鱼片的加工方法。

三、材料与设备

实验材料：鲢鱼（或草鱼）、白砂糖、精盐、各种调料等。

仪器设备：剖片刀、漂洗用筐或水槽、电热恒温鼓风干燥箱、真空包装机、粉碎机、鱼片轧松机等。

四、实验步骤

1. 工艺流程

原料选择与整理（冻鱼解冻）→剖片→检验→漂洗→沥水→调味渗透→摊片→烘干→揭片（生干片）→烘干→滚压拉松→检验→称量→包装

2. 操作要点

（1）原料选择与整理处理　将新鲜鲢鱼先清洗，刮鳞去头、内脏、皮，洗净血污。

（2）剖片　用片刀割去胸鳍，一般由尾端下刀剖至肩部，力求出肉率高，鱼片的厚度在0.3～0.5cm。

（3）检片　将剖片时带有的黏膜、大骨刺、杂质等检出保持鱼片洁净。

（4）漂洗脱腥　漂洗是提高制品质量的关键。漂洗可在漂洗槽中进行，也可将肉片放入筐内，再将筐浸入漂洗槽，用循环水反复漂洗干净，然后捞出、沥水。

（5）调味　配料为：白砂糖5%～6%、精盐1.5%～2%、味精1%～1.8%、黄酒1%～1.5%，用手翻拌均匀，静置渗透1.5h（15℃）。

（6）摊片　将调味的鱼片摊在烘帘上烘干，摆放时片与片间距要紧密，片型要整齐，抹平，两片搭接部位尽量紧密，使整片厚度一致，以防爆裂，相接的鱼片肌肉纤维要纹理一致，使鱼片成型美观。

（7）烘干　烘干温度以不高于60℃为宜，烘烤3h后，摊晾1h，再将鱼片放入烘箱内干燥2～3h，最终烘至水分含量为25%左右。

（8）揭片　将烘干的鱼片从网上揭下，即得生片。

（9）烘烤　温度160～180℃、时间1～2min，烘烤前生片喷洒适量水，以防鱼片烤焦。

（10）滚压拉松　烤熟的鱼片在滚轧机中进行滚压拉松，滚压时要沿着鱼肉纤维的垂直（即横向）方向进行，一般须经二次拉松，使鱼片肌肉纤维组织疏松均匀，面积延伸增大。

（11）检验、包装　经拉松后的鱼片，去除剩留骨刺，根据市场需求确定包装大小（聚乙烯或聚丙烯袋均可）。

3. 产品的品质评价

（1）感官指标　鱼片呈黄白色，边沿允许略带焦黄色；鱼片平整，片形基本完好；肉质疏松，有嚼劲，无僵片；滋味鲜美，咸甜适宜，具有烤鱼的特有香味，无异味；无肉眼可见外来杂质。

（2）理化指标

产品的理化指标见表3－13。

表3－13　理化指标要求

项目	指标
水分/%	≤22
盐分（以NaCl计）/%	≤6
亚硫酸盐（以SO_2计）/（mg/kg）	≤30

五、实验结果分析

相关实验结果及分析见表3－14。

表 3－14　　实验结果分析

实验名称		实验日期	
检验项目	结果		
感官指标 理化指标 水分 盐分			
主要结论 问题分析与收获			

六、思考题

1. 产品烘烤为什么要分两个阶段完成?
2. 影响烤鱼片品质的主要因素有哪些?
3. 淡水鱼脱腥的方法有哪些?

实验十　鱼香肠的加工

一、实验原理

鱼香肠是以鱼肉为主要原料，配以优质淀粉、少量畜肉及各种调料，经过配料、擂溃、充填、成形、结扎、杀菌和冷却而制成的水产方便食品。根据罐装在管内肉馅料材料不同，鱼肉香肠大体上可以分为畜肉型香肠和鱼糕型香肠两类。

为了使鱼肉香肠的弹性特色更能体现，对于原料鱼选择是很重要的。新鲜的或冷冻的各种海水、淡水鱼类，都可以作为鱼肉香肠原料，但必须根据鱼的种类、鱼的肌肉组织中呈味物质、鱼蛋白质中盐溶性蛋白含量，以及结缔组织和肌肉纤维强弱而进行适当的搭配。

二、实验目的

了解香肠的加工原理及品质控制的关键点；掌握鱼香肠的加工方法。

三、材料与设备

实验材料：鱼糜、猪肉、各种调味料、人造肠衣等。

仪器设备：自动充填结扎机、蒸煮锅、绞肉机、斩拌机等。

四、实验步骤

1. 工艺流程

原料选择与整理→配料→灌肠→结扎→煮熟→冷却→干燥→成品

2. 基本配方

鱼糜 80kg、猪肉 8kg、板油 6kg、淀粉 4.5kg、精盐 1.8kg、咖喱粉 0.35kg、胡椒粉 0.05kg、味精 0.16kg。

3. 操作要点

（1）原料选择与整理　鱼糜的原料一般以新鲜的小杂鱼为主，适当加入一定数量的其他鱼肉（如大、小黄鱼，淡水产的青鱼、草鱼鲢鱼等）。猪肉可选用肘子肉，需剔除筋、腱、淋巴。

（2）配料　将猪肉先用绞肉机绞碎、然后用斩绊机斩绊，并在斩绊过程中加入猪肉和鱼糜总质量 10% 的冰块，然后加入鱼糜、板油及各种配料掺在一起斩拌均匀。

（3）灌肠　用灌肠机将上述配好的料灌入人造肠衣内，两端用金属铝环结扎、密封。

（4）煮熟　需视鱼香肠的具体情况及条件而定。先将水烧开，再使水降到 90℃ 左右，将香肠放入，使水温保持在 80～95℃，煮 30～35min；也可采用二段加热法：先在 80～85℃ 下加热 30min，再将温度升至 120℃，加热 5～25min，取出。

（5）冷却　加热后的香肠放入 20℃ 的水中冷却 0.5h 左右，取出。

（6）擦干、成品　成品冷却后的鱼香肠沥去水分，擦干即得到成品。

4. 产品的品质评价指标

感官：鱼香肠色泽微红，肉质紧实有弹性，切面光滑，具有鱼的正常气味和滋味，有良好的咀嚼性。

五、实验结果分析

相关实验结果及分析见表 3－15。

表 3－15　　实验结果分析

实验名称		实验日期	
检验项目	结果		
感官指标			
主要结论 问题分析与收获			

六、思考题

1. 鱼香肠加工中为什么要添加一些畜肉?
2. 加热操作前应注意什么?
3. 鱼糜制品有何特点?

实验十一　加热条件对于鱼糜制品凝胶特性的影响

一、实验原理

在鱼糜制品的加工过程中，蛋白质的凝胶特性对于产品的得率、组织特性、持水性、黏结性以及感官质量具有重要的影响，因此，它是鱼糜制品生产过程中关键的控制指标之一。

目前一般认为，鱼肉蛋白质形成凝胶的过程主要经过三个阶段，即：凝胶化、凝胶劣化和鱼糕化。其间肌球蛋白和肌动蛋白逐渐形成一个较为松散的空间网状结构，由溶胶变为凝胶，之后发生断裂，最终转变为有序、非透明状、具有较高凝胶强度的鱼糕。加热条件是影响这一过程的关键工艺因素，尤其是加热温度和加热速率，对于产品最终的凝胶特性具有显著的影响。

利用流变仪或食品质构仪，可以测定鱼糜制品的硬度和弹性，计算其凝胶强度，并由此分析工艺条件对于蛋白质凝胶特性的影响。

二、实验目的

掌握鱼糜的质构的评价方法。

三、材料、试剂与设备

实验材料：市售鲜活海水鱼、人造肠衣、食盐、山梨醇、蔗糖、三聚磷酸钠、焦磷酸钠。

仪器设备：NRM－2003J 流变仪、低温冰柜、灌肠机、斩拌机、恒温水浴。

四、实验步骤

1. 鱼糜的制备

制作鱼糜的原料鱼要求鲜。捕捞的原料鱼要求冰藏，并在 24h 内加工完毕。称取约 5kg 原料鱼，去鳞、内脏、头、尾，用清水洗去黏液和血污，采肉并称量，然后用 5 倍质量的清水（<10℃）漂洗 4 次，以滤布挤压脱水，依次加入 4% 山梨醇、4% 蔗糖、0.2% 三聚磷酸钠和 0.1% 焦磷酸钠。若不能立即使用，于 －18℃冷冻贮藏。

2. 鱼香肠的制作

取鱼糜样品进行擂溃，先空擂 5min，然后加入 3% 食盐再擂溃 20min，灌肠（$d =$

25mm），然后依照表 3－16 分别进行加热处理。

表 3－16　鱼糜制品加热条件对凝胶特性的影响

样品号	1	2	3	4	5	6	7	8	9	10	11	12	13	14
加热温度/℃	40	50	60	70	80	90	40	50	60	70	80	90	40℃、20min	40℃、20min
加热时间/min	20	20	20	20	20	20	60	60	60	60	60	60	80℃、40min	90℃、40min
凝胶强度/（g·cm）														

加热结束后将样品取出，在冰水中迅速冷却 30min，然后于室温放置 24h，供测定用。根据表 3－16 得到的实验结果，以凝胶强度为纵坐标、加热温度为横坐标做图，分别讨论加热温度、时间和加热方式（一段或两段式）对于凝胶特性的影响。

3. 鱼糜制品凝胶强度的测定

将样品切成 13mm 厚的圆柱体，利用 NRM－2003J 流变仪进行测定。压头直径为 5mm，样品上升速率为 6cm/min，压至凝胶破断时的凹陷深度为凝胶的弹性（cm），此时的破断强度为硬度（g），根据以下公式计算凝胶强度。

凝胶强度（g·cm）＝硬度（g）×弹性（cm）

五、实验结果分析

相关实验结果及分析见表 3－17。

表 3－17　实验结果分析

实验名称		实验日期	
检验项目	结果		
加热温度、时间和加热方式对鱼糜凝胶强度的影响			
主要结论 问题分析与收获			

六、思考题

1. 鱼糜中蛋白质的凝胶机理是怎样的？主要影响因素有哪些？
2. 鱼糜制备过程中加入山梨醇、蔗糖、三聚磷酸钠、焦磷酸钠的作用是什么？
3. 擂溃的目的是什么？为什么中间加入食盐？
4. 随加热温度提高，凝胶强度出现“V”形趋势的原因是什么？

实验十二　休闲鱼粒的加工

一、实验原理

休闲鱼粒是以低值鱼类为原料，以白糖、食盐、味精、胡椒粉等为辅料，采用传统技术与现代高新技术相结合的方法，经去腥、蒸煮、烘烤等工序而制成的。休闲鱼粒具有高蛋白、低脂肪、营养丰富且食用方便，是深受大众特别是儿童喜爱的高附加值、高科技含量的休闲食品。其加工过程中应考虑水分含量变化及不同烘烤条件对成品品质的影响以得到品质上乘的产品。

二、实验目的

了解休闲鱼粒的制作原理和关键控制点；掌握休闲鱼粒的加工方法。

三、材料与设备

实验材料：马鲛鱼、食盐、味精、白糖、多聚磷酸盐、胡椒粉、叔丁基对苯二酚（TBHQ）。

仪器设备：清洗槽、解冻槽、离心机、蒸煮锅、烘箱、烤箱。

四、实验步骤

1. 工艺流程

原料→解冻→清洗→去鱼头、内脏和鳞→清洗→采肉→除腥→沥干→离心→拌料→成型→蒸煮→切分→烘烤→包装→成品

2. 基本配方

鱼肉1000g、去腥剂5000g（0.1% HCl+0.1% $CaCl_2$）、多聚磷酸盐1g、食盐12g、白糖100g、味精20g、TBHQ1g、胡椒粉1g。

3. 操作要点

（1）预处理　原料鱼经解冻后，首先清洗鱼体，进行表面除腥，再将鱼开腹，去头、去内脏、去黑膜，然后采肉、去鱼皮。较大的鱼肉应切成0.5cm大小的鱼块，然后置于温度10℃以下的清水中，充分清洗并沥干。

（2）除腥　将沥干后的鱼肉置于0.1% HCl+0.1% $CaCl_2$的去腥剂中浸泡3h。去腥剂与鱼肉的质量比为5∶1。

（3）离心　将去腥后的鱼肉置于离心机中，在转速3000r/min条件下离心2min，充分去除鱼肉中的水分及腥味物质。

（4）拌料　将0.1%的多聚磷酸盐和1.2%的食盐加入离心后的鱼肉中，使盐溶性蛋白充分溶出，起到黏结鱼肉的作用。然后添加10%白糖、2%味精、0.1% I+G、

0.1%胡椒粉，并充分拌匀。

（5）成型、蒸煮　将成形后的鱼块经蒸煮定型，时间为10min。蒸熟取出冷却后，切分成1cm×1cm×1cm大小的鱼粒。

（6）烘干　将切分后的鱼粒置于烘箱中烘干，在温度55～60℃条件下，烘制2.5h即可。

（7）烘烤　为了使鱼粒的色泽、口感和风味达到最佳并延长保质期，要经过烘烤工序，烘烤温度为150℃、时间为8min。

4. 产品的品质评价

感官指标：鱼粒表面水分分布基本均匀，有光泽。产品水分含量21%左右；菌落总数<10个/g，致病菌不得检出。

五、实验结果分析

相关实验结果及分析见表3－18。

表3－18　　实验结果分析

实验名称		实验日期	
检验项目	结果		
感官指标 理化及微生物指标 水分 菌落总数			
主要结论 问题分析和收获			

六、思考题

1. 实验中加入食盐及多聚磷酸盐的作用是什么？
2. 产品烘干后为什么又进行烘烤？

实验十三　鱼丸的加工

一、实验原理

鱼丸是我国传统鱼糜制品，具有蛋白质含量高、脂肪含量低、口感嫩爽等特点，深受消费者欢迎。鱼丸是利用鱼糜中蛋白质的凝胶特性的原理加工而成的。

二、实验目的

了解典型传统鱼糜制品的加工原理；掌握鱼丸的制作工艺与技术。

三、材料与设备

实验材料：新鲜淡水鱼或海水鱼，食糖、盐、味精、淀粉、香辛料等。

仪器设备：刀、羹勺、案板、不锈钢铁锅、斩拌机、蒸煮锅、包装袋、包装封口机等。

四、实验步骤

1. 工艺流程

原料鱼→预处理（去鳞、去内脏、去头）→采肉→漂洗→脱水→配料擂溃→成形→水煮→冷却→包装

2. 基本配方

鱼肉 10kg、冰水 3.5kg、盐 0.3kg、糖 0.2kg、味精 40g、胡椒粉 15g、姜汁 40g、混合磷酸盐 45g，大豆蛋白最适添加量为5%、淀粉为10%。

3. 操作要点

（1）原料的选用　选用草、青、鲤鱼作为原料鱼加工鱼丸。鱼规格要达 1.5kg 以上，肉质厚实，鲜度较好。

（2）预处理　刮除鳞片，切去鱼体上的胸鳍、背鳍、腹鳍、尾鳍，沿胸鳍基部切去头部，剖开腹部，去除内脏，洗去血污和腹内黑膜。

（3）采肉　用刀沿脊骨切下左右两片背部肌肉，不能带有骨刺、黑膜，并剥去鱼皮。

（4）脱腥　将鱼肉片放入6%食盐溶液浸泡30min，浸泡过程不断翻动。

（5）漂洗　将脱腥后的鱼肉放在5倍的清水中，慢慢搅动8～10min，倒去漂洗液，然后用循环水反复冲洗，清除鱼肉中含有的血液，保持血肉洁白有光，肉质良好。

（6）擂溃　利用斩拌机对鱼肉进行擂溃，分为空擂、盐擂和调味擂溃三个阶段。空擂是将鱼肉放入绞拌机内粗绞一次成糜。鱼糜应粗细适中。随后盐擂，将3%食盐溶于水，加入鱼糜中，搅拌研磨10min，使鱼肉变成黏性很强的溶胶。最后是调味擂溃，先将0.4%味精、2%白糖、0.15%胡椒、0.4%姜粉（以鱼肉质量计）溶于水，倒入鱼糜中，匀速搅拌3min。然后将4%淀粉溶于水，加入鱼糜再搅拌3min。

（7）成型　用洁净铁锅盛以清水，另备边沿光滑的羹匙一把，左手攥鱼糜，从虎口处挤出鱼丸，右手用羹匙接住，放入清水锅中，动作要快，鱼丸形要圆，光泽度要高。挤出的鱼丸在清水中漂浸0.5h左右，防止氽制粘连。

（8）氽　氽鱼丸要用旺火，也要防止沸滚。火不旺鱼丸热不熟，会变味；水沸滚，鱼丸相互冲撞易破碎。鱼丸熟透后立即捞起出锅，进行冷却。

（9）包装　将鱼丸称量后，采用清洁、透明的食品级薄膜塑料袋，进行真空包装。

4. **产品的感官评价**

色泽淡白；具有鱼肉特有的鲜味，可口且余味浓郁；断面密实，无大气孔，有许多微小且均匀的小气孔，中指稍压鱼丸，明显凹陷而不破裂，放手则恢复原状，在桌上30～35cm处落下，鱼丸会弹跳两次而不破裂。

五、实验结果分析

相关实验结果及分析见表3－19。

表3－19　　**实验结果分析**

实验名称		实验日期	
检验项目	结果		
感官评价			
主要结论 问题分析与收获			

六、思考题

1. 鱼糜凝胶产生的机理是什么？
2. 如何提高鱼丸的弹性？
3. 弹性越好，鱼丸的质量就越好吗？

实验十四　海鲜调味料的加工

一、实验原理

利用外加酶或天然酶（水产动物体内存在的酶）将鱼、虾、贝中的蛋白质分解成游离氨基酸及短肽，经过浓缩、调配、装瓶、杀菌等工艺，即可制作成营养丰富、有浓郁海鲜风味的海鲜调味料。

二、实验目的

了解酶解法制作海鲜调味料的基本原理；掌握海鲜调味料的制作方法。

三、材料与设备

实验材料：虾、山梨酸钾食盐、鸟苷酸二钠（IMP）、羧甲基纤维素钠、黄原胶、淀粉、味精、焦糖。

仪器设备：搅拌机、水浴锅、封罐机、杀菌锅、液化气炉、不锈钢盘、不锈钢锅等。

四、实验步骤

1. 工艺流程

原料虾→匀浆→自溶→过滤→浓缩→调 pH→调配→装瓶→封口→杀菌→成品

2. 基本配方

虾 1kg、山梨酸钾 2.4g、食盐 300g、鸟苷酸二钠（IMP）2.4g、羧甲基纤维素钠 5.0g、黄原胶 5.0g、淀粉 100g、味精 12g、焦糖适量。

3. 操作要点

（1）匀浆　洗净的虾放进搅拌机内加 0.5kg 水匀浆，然后再加 0.5kg 水。

（2）自溶　用 NaOH 调 pH7.5，加入 1% 浆体的 NaCl（虾 + 水）搅匀，开始升温，温度从 40℃起，每 30min 使浆体升温 5℃直至 65℃为止。

（3）过滤　应用 100 目滤布过滤，得水解液。

（4）浓缩　将水解液浓缩至 1kg，再用柠檬酸调至 pH5.5。

（5）调配　按配方顺序投入各种配料，边加热投料边搅拌。

（6）装瓶、封口　用 250mL 汽水瓶灌装，立即封口。

（7）杀菌　杀菌方法有两种：一是高压杀菌：10min—15min/121℃，杀菌完毕，待高压杀菌锅内温度下降到 100℃以下，慢慢打开高压杀菌锅的盖子，取出产品，自然冷却；二是水浴杀菌：100℃/25min，先将水加热至 50℃，放入已装瓶封盖的产品，煮沸后开始计算时间，达到杀菌条件，取出产品，自然冷却，制得成品。

五、实验结果分析

相关实验结果及分析见表 3－20。

表 3－20　　实验结果分析

实验名称		实验日期	
检验项目	结果		
感官指标 腥味 虾风味 色泽 均匀程度			
主要结论 问题分析与收获			

六、思考题

1. 酶法制作海鲜调味料的基本原理是什么？

2. 酶法制作的海鲜调味料与其他调味料相比有什么特点？
3. 自溶法与外加酶法制作的海鲜调味料之间有何差异？为什么？

实验十五 海带脱腥工艺的比较

一、实验原理

海带是一种营养丰富的海洋食品，富含胡萝卜素、蛋白质、微量元素等营养成分，尤其是碘的含量，远远高于普通的陆生植物和海洋植物，而且绝大多数为有机活性碘，容易被人体所吸收利用。我国是海带生产大国，但作为食品原料，目前对于海带的利用尚不够充分，其中一个重要原因在于，海带本身具有一种特殊的腥味，而且在加工过程中不易去除，从而限制了它的食用和加工。

在食品生产过程中，对于原料或半成品中的不良异味，针对不同情况，有多种去除方法可供选择，如吸附、掩蔽、加热处理等。在海带制品的生产过程中，可以采用其中一种或几种脱腥工艺。评价脱腥效果优劣主要基于以下原则：一方面应有效去除海带特有的腥味，使产品具有良好的风味；另一方面应尽量保持海带的营养价值，尤其应避免碘的破坏或流失。

对于海带风味的评判，一般利用感官评价的原理和方法，对所采集到的数据进行统计分析后得到结论；海带制品中碘的测定，则可以利用碘蓝分光光度法，首先将有机碘通过消化转化为无机碘，由于无机碘与淀粉混合后呈现蓝色并在670nm处存在最大光吸收，而且在一定质量浓度范围内，碘质量浓度与光吸收值之间存在线性相关关系，由此可以测定碘的含量。

二、实验目的

了解海带腥味产生的原因及其脱腥原理；掌握海带腥味的感官评价方法和脱除方法。

三、材料、试剂与设备

材料与试剂：市售干海带、干酵母、活性炭、磷酸、饱和溴水。

掩蔽剂：称取八角6g、桂皮6g、甘草20g、加水200mL、85~90℃浸提2h，过滤后取上清液备用。

碘标准溶液：称取2.4g碘，以蒸馏水定容至100mL备用，碘质量浓度为24μg/mL。

5g/100mL KI溶液：称取5gKI，以蒸馏水定容至100mL。

1g/100mL淀粉溶液：称取1g可溶性淀粉，加入约80mL蒸馏水，不断搅拌下加热至沸腾，保持2min，至溶液透明，定容至100mL，现用现配。

1g/100mL甲酸钠：称取1g甲酸钠，以蒸馏水定容至100mL。

仪器设备：分光光度计、高速组织捣碎机、机械搅拌器、真空泵、恒温水浴。

四、实验步骤

1. 原料预处理

称取0.5kg色泽良好、无霉变、无异味的干海带，以清水洗净泥沙，切成约5cm³大小的碎块，然后常压蒸汽蒸煮0.5h。

2. 海带原汁浸提

将蒸煮后的海带投入约5000mL水中，在机械搅拌下于50～55℃浸提4～6h，然后用滤布过滤，取澄清滤液，记录其体积并测定碘含量。

3. 脱腥处理

量取三份海带浸提汁（各1000mL），分别采用以下方法进行脱腥处理：

①加入0.5%活性炭，混合均匀后抽滤得到澄清汁液；②添加0.3%干酵母，30～32℃保温发酵60min，离心或抽滤得到澄清汁液；③加入1%掩蔽剂并混合均匀。

4. 脱腥效果的感官评价

随机选取10名食品工程专业学生，按照表3－21对于脱腥前后的海带汁液分别进行感官评价，并根据*F*检验作显著性分析。

表3－21　感官评价标准

指标	色泽			风味		
范围	无色	淡黄色	深黄色	有明显海带腥味或其他不良异味	无明显腥味或不良异味，无香味	无明显腥味或不良异味，有浓郁的海带香味
评价分值	0～3	4～6	7～10	0～6	7～12	13～20

5. 碘含量测定

（1）标准曲线制作　取0.00、0.25、0.50、0.75、1.00、1.50mL标准碘溶液置于6支50mL比色管中，分别标记为0～5号，加水至刻度，摇匀后再各加入6滴磷酸、1mL 5g/100mL KI溶液和20滴1g/100mL淀粉溶液，摇匀显色，然后以0号管为空白对照，于670nm分别测定吸光值，并以吸光值为纵坐标，以相应的碘含量（μg）为横坐标，绘制标准曲线。

（2）样品测定　取20mL样品液置于50mL烧杯中，加入6滴磷酸，再逐滴加入饱和溴水并不断搅拌，直至浅黄色不褪为止，室温放置15min，期间若发现黄色褪去，应立即补加溴水。

将样品加热煮沸直至大部分黄色褪去，冷却后滴加1g/100mL甲酸钠1～2滴，使黄色褪尽，再次加热至沸腾，迅速冷却后转移至50mL比色管中，加水至刻度，并依次加入1mL 5g/100mL KI和20滴1g/100mL淀粉溶液，摇匀显色，然后以0号管为空白对照，在670nm波长处分别测定吸光值，并在标准曲线上查出相应的碘含量值，计算样品中碘的含量。

6. 脱腥工艺效果的比较

综合感官评价以及处理前后碘含量的变化，比较不同脱腥工艺的作用效果，并分析其中原因。

五、实验结果分析

相关实验结果及分析见表 3－22。

表 3－22　　实验结果分析

实验名称		实验日期	
检验项目	结果		
活性炭 干酵母 掩蔽剂			
主要结论 问题分析与收获			

六、思考题

1. 吸附法、掩蔽法和发酵法对于海带的脱腥机理各是什么？
2. 列举其他 2～3 种食品生产中常用的脱除不良异味的方法，并说明其适用场合。
3. 简述食品感官评价的原理与基本程序。

第四章
谷物制品加工工艺实验

实验一　酥性饼干加工

一、实验原理

酥性饼干以小麦粉、糖、油脂为主要原料，加入膨松剂和其他辅料，经冷粉工艺调粉、辊压或不辊压、成型、烘烤制成的表面花纹多为凸花，断面结构呈多孔状组织，口感酥松或松脆的饼干。

酥性饼干是饼干中的主要类别，特点是糖油用量大，控制面筋的有限生成，减少水化作用。由于面筋的形成是水化作用的结果，所以控制面团的加水量是控制面筋形成的重要措施。另外，面团的加水量与糖、油等辅料的用量也有一定关系。油脂的添加量对酥性饼干品质也有重要影响。

二、实验目的

掌握酥性饼干的制作原理、工艺流程和制作方法，同时了解酥性饼干的特性和有关食品添加剂的作用及使用方法。

三、材料与设备

实验材料：小麦粉、白糖、起酥油（氢化植物油）、淀粉、鸡蛋、食用碳酸氢铵。

仪器设备：A－20食品搅拌机、小型多用饼干成型机、远红外食品烘箱、面盘、烤盘、研钵、刮刀、帆布、手套、台秤、卡尺、面筛、塑料袋、塑料袋封口机、刮刀、切刀。

四、实验步骤

1. 工艺流程

称量→预处理→混合→面团调制→面团输送→辊印成型→烘烤→冷却→整理→包装

2. 基本配方

小麦粉10kg、白糖3.5kg、起酥油（氢化植物油）2kg、淀粉0.3kg、鸡蛋0.8kg、食用碳酸氢钠0.04kg、水1.1kg。

3. 操作要点

（1）过筛　将制作的面粉过筛，结块的要压碎。

（2）配料　按照配方将各种物料称量好，分别将白糖与水充分搅拌使糖溶化，再加入起酥油、盐、食用碳酸氢钠于搅拌机中搅拌乳化均匀，最后加入混合均匀的面粉、淀粉，搅拌 3 ~5min，搅匀为止，不宜过分搅拌。

（3）辊印成型　将搅好的面团放置 3 ~5min 后，放入饼干成型机喂料斗。调好烘盘位置和帆布松紧度，用辊印成型机辊印成一定形状的饼坯，或者手工成型。先用擀筒将面团擀成较厚的面片，然后用模具扣压成型。

（4）装盘　将烤盘放入指定位置，调好前后位置，与帆布带上的饼坯位置对应，将饼坯放入烤盘。若是全用手工操作，则直接将饼坯放入大烤盘，生坯摆放不可太密，间距应均匀。

（5）烘烤　将烤盘直接（或换盘后）放入预热到 240℃ 的烤箱，烘烤 4min。

4. 不同加水量对面团工艺性能的影响

按表 4 –1 加水量调制面团，比较不同加水量对面团工艺性能的影响，确定最适加水量，将实验结果填入表 4 –1 中。

表 4 –1　加水量对面团工艺性能的影响

试验号	加水量/%	感官评价
1	7.5	
2	8.5	
3	9.5	
4	10.5	
5	12.5	

5. 不同油脂添加量对饼干质量的影响

油脂含量对饼干的口感、光泽、质地都有重要影响。本实验采用稳定性较好的氢化植物油作为起酥油。按表 4 –2 的油脂添加量制作饼干，比较油脂的添加量对饼干质量的影响。

表 4 –2　氢化棕榈油添加量对饼干质量的影响

试验号	油脂添加量/%	感官评价
1	5	
2	10	
3	15	
4	25	
5	35	

6. **产品的品质评价**

参照GB/T 20980—2007。

(1) 感官指标　呈棕黄色或金黄色，色泽基本均匀；表面略带光泽，无白粉，不应有过焦、过白的现象；外形完整，花纹清晰，厚薄基本均匀，不收缩，不变形，不起泡，无裂痕，不应有较大或较多的凹底。特殊加工品种表面或中间允许有可食颗粒存在（如椰蓉、芝麻、砂糖、巧克力、燕麦等）。断面结构呈多孔状，细密，无大孔洞；具有品种应有的香味，无异味，口感酥松或松脆，不粘牙。

(2) 理化指标　水分≤4.0%，碱度（以碳酸钠计）≤0.4%。

五、实验结果分析

相关实验结果及分析见表4-3。

表4-3　　实验结果分析

实验名称		实验日期	
检验项目	结果		
感官指标			
理化指标 水分 碱度			
主要结论 问题分析与收获			

六、思考题

1. 影响酥性饼干组织状态的因素有哪些？
2. 不同投料顺序对饼干成品的品质有哪些影响？
3. 当面团结合力过小时，采用哪种方法提高面团性能？
4. 面团加水量和油脂添加量对酥性饼干品质的影响有哪些？
5. 针对制成的产品，结合所学的理论及经验知识，综合分析产品的质量；并对产品存在的质量问题提出改进方案。

实验二　韧性饼干加工

一、实验原理

韧性饼干是以小麦粉、糖（或无糖）、油脂为主要原料，加入膨松剂、改良剂及其他辅料，经热粉工艺调粉、辊压、成型、烘烤制成的表面花纹多为凹花、外观光滑、表面平整、一般有针眼、断面有层次、口感松脆的饼干。韧性饼干一般使用中筋小麦粉制作，面团中油脂与砂糖的比例较低，在面团调制时，容易形成面筋。面粉在其蛋白质充分水化的条件下调制面团，然后经辊轧受机械作用而形成具有较强延伸性，适度的弹性，柔软而光滑，并且有一定可塑性的面带，为了防止表面起泡，通常在成型时要用针孔凹花印模。韧性饼干具有层次整齐、口感松脆、质量轻等特点。

二、实验目的

了解韧性饼干制作的基本原理及工艺方法；掌握韧性饼干制作的基本工艺和配方；了解韧性饼干制作的基本技能和产品质量评价方法。

三、材料与设备

实验材料：面粉、白砂糖、食用油、乳粉、食盐、香兰素、碳酸氢钠、碳酸氢铵或泡打粉。

仪器设备：饼干模、烤箱、和面机、烤盘、台秤、烧杯等。

四、实验步骤

1. 工艺流程

称量→混合面团→调制面团→辊轧→冲印成型→烘烤→冷却→整理→包装

2. 操作要点

（1）溶解辅料　将糖600g、乳粉200g、食盐20g、香兰素5g、碳酸氢钠20g、碳酸氢铵20g、加水800mL溶解。

（2）调制面团　将面粉4000g、辅料溶液、食用油400mL、水200mL倒入和面机中，和至面团手握柔软适中，表面光滑油润，有一定可塑性不粘手即可。调制后的面团弹性如果很大，可通过静置来减小其内部张力，以利于操作和防止饼干收缩。

（3）辊轧　将和好后的面团放入辊轧机，多次折叠反复并旋转90°辊轧，至面带表面光泽形态完整。

（4）成型　用饼干模将面带成型。

（5）烘烤　将饼干放入刷好油的烤盘中，入烤箱250℃烘烤8～10min。

（6）冷却　将烤熟的饼干从烤箱中取出，冷却后包装。

3. 产品的品质评价

参照GB/T 20980—2007。

（1）感官指标　外形完整，花纹清晰或无花纹，一般有针孔，厚薄基本均匀，不收缩，不变形，无裂痕，可以有均匀泡点，不应有较大或较多的凹底。特殊加工品种表面或中间允许有可食颗粒存在（如椰蓉、芝麻、砂糖、巧克力、燕麦等）；色泽呈棕黄色、金黄色或品种应有的色泽，色泽基本均匀，表面有光泽，无白粉，不应有过焦、过白的现象；具有该品种应有的香味，无异味；口感松脆细腻，不粘牙；断面结构有层次或呈多孔状；应具有冲调性（将10g韧性饼干在50mL 70℃温开水中应充分吸水，用小勺搅拌后糊状）。

（2）理化指标　水分≤4%；碱度（以碳酸钠计）≤0.4%。

五、实验结果分析

相关实验结果及分析见表4－4。

表4－4　实验结果分析

实验名称		实验日期	
检验项目	结果		
感官指标 理化指标 水分 碱度			
主要结论 问题分析与收获			

六、思考题

1. 面团调制时需要注意什么问题？
2. 分析实验得到的饼干质量，总结实验成败的原因。
3. 试比较韧性面团调制与酥性面团调制的异同点。

实验三　蛋糕的加工

一、实验原理

蛋糕的制作原理是利用蛋白的起泡性，通过打蛋机的搅打使蛋液中卷入大量空气，然后再经过烘烤，使蛋糕具有疏松多孔而柔软的质构。另外，蛋糕制作时添加的蛋糕油能更好地保持面糊中的空气，使蛋糕口感软滑，组织细致，吸水率小，体积增大，出品率高，减少鸡蛋的使用量，降低成本。

鸡蛋、蔗糖、面粉、蛋糕油是制作蛋糕的主要原料，它们在配方中的组成对蛋糕的疏松特性都有重要影响。

二、实验目的

掌握制作蛋糕的基本原理及基本技能。

三、材料与设备

实验材料：鸡蛋、蔗糖、精粉、食用油、蛋糕油、水。

仪器设备：打蛋机、蛋糕烤箱、烤盘与模具、铲刀、面筛、不锈钢容器、油刷子、注水器、裱花用具。

四、实验步骤

1. 工艺流程

蔗糖、蛋液、白糖搅打→加水搅打→加面粉搅拌→调糊（加油脂）→注模（刷油，挤浆入模）→烘烤→脱模→冷却→包装→成品

2. 基本配方

鸡蛋3kg、蔗糖2.0kg、精粉2.5kg、食用油0.2kg、蛋糕油0.2kg、水600mL。

3. 操作要点

（1）搅拌 将蛋液、砂糖、油脂等放入打蛋机（或打蛋器）搅拌均匀，通过高速搅拌使砂糖融入蛋液中，并使蛋液充入空气产生大量的气泡、以达到膨胀的目的。

①打蛋速率：搅打蛋液时，开始阶段应采用快速，在最后阶段应改用中速，这样可以使蛋液中保持较多的空气，而且分布比较均匀；具体操作时，打蛋速度应视蛋的品质和气温变化而异。蛋液黏度低，气温较高、搅打速率要快；反之，搅打速率要慢，时间应长。

②打蛋温度和打蛋时间：打蛋长短与搅打的温度有直接关系，在允许的温度内，时间与温度成反比。新鲜蛋白在17～20℃的温度条件下，其胶黏性维持在最佳状态，起泡性能最好。

③加水速率和量：加水速率不宜太快，要慢一点，而且要均匀。加水量与鸡蛋的量和饴糖的量有关，同时与蛋糕油的用量也有关。

④搅打终点：当黏度达到最高处为最好。表现为：最后泡末打成白的。泡沫上升到一定程度，为原来的2～2.5倍，蛋液的体积不再上升，此时加点水，再缓缓搅打1～2min，观察泡沫不再上升为止。

⑤搅拌调糊：加入面粉与油脂调糊。面粉首先过筛，等到蛋浆打好后，再往蛋浆中慢慢地添加，搅拌不宜太快，搅拌时间不宜太长，否则面粉容易出面筋，泡沫壁也易破坏，影响泡沫的体积和蛋糕的质量。

（2）注模 成型混合后的浆料，应立即注模。注模前应先将模具内壁刷净，均匀地涂抹一层食用油，注模量应为模体的2/3～3/4，不宜过高，否则烘烤时膨胀，影响外观。

（3）烘烤　蛋糕水分大，传热快、烘烤时间短些。烘烤时必须先将炉温调到180℃以上，才能入炉。为使表面柔软，可在烘烤时不断向炉内喷水或在炉内放置水盆，以增加炉内湿度。10min 内炉温度应升到200℃，出炉时温度一般在220℃以上。

（4）脱模、冷却　出炉后应趁热脱模，可用小铁叉或用铁丝挑出，防止蛋糕挤压，影响外形。待冷却后包装。

（5）蛋糕配方组成对其品质的影响　利用 $L_9(3^4)$ 正交实验（表4-5）确定蛋糕的最佳配方。

表4-5　　蛋糕配方正交试验因素水平表

水平	因素			
	A 鸡蛋/kg	*B* 蔗糖/kg	*C* 面粉/kg	*D* 蛋糕油/kg
1	2	2	2.5	0.1
2	3	3	3.5	0.2
3	4	4	4.5	0.3

（6）蛋糕质量评分方法　将蛋糕样品切成数块，由3~5个经训练的人员组成品尝小组，按表4-6内容品尝打分，满分100分。

表4-6　　蛋糕感官评分项目和评分标准

项目	满分（100分）	评分标准
色泽	20	表面油润，顶和墙部呈金黄色，底部呈棕红色，色泽鲜艳，富有光泽，无焦糊为16.1~20分；中等为12.1~16分；色发暗、发灰1~12分
外观形状	20	块形丰满、周正、大小一致、厚薄均匀，表面有细密的小麻点，不沾边、无破碎、无崩顶为16.1~20分；中等为12.1~16分；表面粗糙，变形严重为1~12分
内部结构	20	切面呈细密的蜂窝状，无大空洞，无硬块为16.1~20分；中等为12.1~16分；气孔大、不均匀1~12分
弹韧性	20	发起均匀、柔和，弹性不死硬为16.1~20分；一般为12.1~16分；较差为1~12分
气味和滋味	20	香味纯正，口感松、暄，香甜不挂嘴、不粘牙，有蛋糕特有的风味为16.1~20分；较爽口，稍粘牙为12.1~16分；不爽口，发黏为1~12分

五、实验结果分析

相关实验结果及分析见表4-7。

表 4 -7　　实验结果分析

实验名称		实验日期	
检验项目	结果		
感官指标 外观形状 色泽 气味和滋味 弹韧性 内部结构			
主要结论 问题分析与收获			

六、思考题

1. 蛋糖的比例对蛋糕的品质有哪些影响？
2. 如何判断面团调制的终点？
3. 影响泡沫稳定性、蛋糕组织疏松的因素有哪些？
4. 蛋糕油的主要成分是什么？讨论其作用。

实验四　面包制作及其品质鉴定

一、实验原理

面包，以小麦粉为主要原料，以酵母、鸡蛋、油脂、果仁等为辅料，加水调制成面团，经过发酵、整型、成型、焙烤、冷却等过程加工而成的焙烤食品。

二、实验目的

通过本实验加深了解面包的制作原理，掌握面包的基本制作工艺和面包的品质鉴定方法。

三、材料与设备

实验材料：面粉、食盐、砂糖、酵母、水。

仪器设备：小型立式搅拌机、面包压面机、分块机、远红外烘烤箱、电子秤、电子天平、烤模、醒发箱、面包体积计量器（一个上面开口并可装下面包的长方形盒子和一些菜籽，菜籽体积应正好等于面包体积计量器容积）。

四、实验步骤

1. 工艺流程

调粉→面团发酵→整形→最后醒发→烘烤→冷却→包装→成品

2. 面包配方

面粉（水分14%）2000g、食盐20g、砂糖60g、酵母60g、水1100g（参考值）。

3. 操作要点

（1）调粉　先在揉面机中放入水，然后放入食盐、砂糖、酵母，最后放入面粉，开动机器，低速1min、中速3min。根据情况，也可用手和面。和好的面团温度为（30±1)℃，且面团不粘手，均匀有弹性。面团的温度通过调整和面的水温和室内温度来调整和控制。

（2）发酵　用手揉团后放入发酵容器，在恒温恒湿器内发酵120min，发酵箱温度为(30±1)℃，相对湿度85%，发酵时间从面团和面开始时刻计起95min时取出揿粉一次。

（3）整形　120min后取出，折叠翻揉约20次，整形一般有专用机械，但用手工也行，先揉成团，再压成圆饼，一端卷成长条，放入醒发箱中，缝要向下。

（4）醒发　将整形后的面包坯，放入装有高温布的烤盘内，再将烤盘放入发酵箱内进行最后醒发。发酵箱温度控制在38～40℃，相对湿度控制在85%左右，醒发45～60min，使其体积达到整形后的2倍左右，然后立即进行烘烤。

（5）烘烤　将醒发后的面包坯入炉烘烤。上火210℃、下火230℃，烘烤20min后出炉。面包入炉前，先在炉内放一小盆清水，以调节炉内湿度。

（6）出炉振动，静置1h。

4. 产品的品质评价

（1）外观体积　面包体积测定：将烤好的面包放入体积计量器盒子中，倒入菜籽将盒子填满、刮平，然后用量筒测出被刮出部分菜籽的体积，这一体积就是面包体积，用测出的面包体积（g/cm^3）来除以此面包的质量，所得的商即为此面包的体积比，具体面包体积评分见表4－8。

表4－8　烘焙实验白面包体积评分标准

体积比	应得体积评分	体积比	应得体积评分
6.6～7.1	9.0	4.6～5.0	9.0
6.1～6.5	9.5	4.0～4.5	8.5
5.6～6.0	10.0	3.6～3.9	8.0
5.1～5.5	9.5		

（2）内质断面切开组织、触感、口感、味、香。一般要以专门评审员来判断打分，一般来说，一个标准的面包很难达到评分95分以上，但最低不可低于85分。

五、实验结果分析

相关实验结果见表4－9。

表4－9 实验结果分析

部位	指标	缺点	满分分数	样本号码		样本号码		样本号码	
				应得分数	缺点	应得分数	缺点	应得分数	缺点
外部	体积	1. 太大；2. 太小	10						
	表皮颜色	不均匀、太浅；有皱纹、太深；有斑点、不新鲜	8						
	外表形状	1. 中间低；2. 一边低；3. 两边低；4. 一边高；5. 有皱纹，顶部过于平坦	5						
	烘焙均匀	1. 四边颜色太浅；2. 四边颜色太深；3. 底部颜色太深；4. 有斑点	4						
	表皮质地	1. 太厚；2. 粗糙；3. 太硬；4. 太脆；5. 其他	3						
	小计		30						
内部	颗粒	1. 粗糙；2. 有气孔；3. 纹理不均匀；4. 其他	15						
	颜色	1. 色泽不鲜明；2. 颜色太深；3. 其他	10						
	香味	1. 酸味太重；2. 乏味；3. 腐味；4. 其他怪味	10						
	味道	1. 太淡；2. 太咸；3. 太酸；4. 其他怪味道	20						
	组织结构	1. 粗糙；2. 太松；3. 太紧；4. 太干燥；5. 面包屑太多；6. 其他	15						
	小计		70						

六、思考题

1. 改变烘烤条件对面包品质有哪些影响？
2. 根据面包的品质鉴定情况，如何对面包的烘焙工艺做出调整？
3. 面包生产过程中最容易出现哪些质量问题？

实验五　膨化大米饼的加工

一、实验原理

膨化米饼是一种间接膨化食品，其加工原理是原料在挤压机内蒸煮并在温度低于100℃时推进通过模板，原料在低温时成形，这样可防止物料中水分瞬间变为蒸汽而产生膨化。产品的膨化主要靠挤出之后的烘烤或油炸来完成。与直接挤压膨化食品相比，间接挤压膨化食品一般具有较均匀的组织结构，口感较好，不易产生粘牙等感觉，淀粉的糊化较为彻底，膨化度较易控制。

二、实验目的

了解食品膨化的基本原理；了解挤压式膨化机的工作原理；掌握膨化小食品的生产工艺流程和一般制作法。

三、材料与设备

实验材料：大米粉、砂糖、味精、植物油、乳化剂、水。

仪器设备：膨化机、远红外烘烤炉、充氮式塑料包装机、喷雾机、烤盘、搪瓷盘等。

四、实验步骤

1. 工艺流程

原料→加湿→膨化→烘烤（油炸）→加味→二次干燥→充氮包装→成品

2. 参考配方

大米粉10kg、砂糖600g、味精1g、植物油2g、乳化剂1g、水少许。

3. 操作要点

（1）原料选择　以大米为原料，原料粒度以16～30目/英寸为宜。

（2）膨化　生产前需将喷头部件预热到150℃方开始工作，工作时首先加入500g含水量30%的起始料外爆。随后加入正常原料进行生产，原料的供给要连续并有一定的节奏。

（3）烘烤　由膨化机生产出的产品为半成品，需及时进行烘烤。将产品收集于烤盘中，置于120～140℃的远红外烘烤箱中，烘烤2～3min。

（4）加味　烘烤后的半成品立即喷洒植物油，在浓度为65%（65°Bx）的50～70℃的混合糖浆浸渍5～7s。

（5）干燥　浸渍的产品取出后用80℃热风干燥，即成成品。

4. 产品的品质评价

正常的产品应为白色、松脆、密度小的大米棒或片，具有该产品特有的风味，无异味；无正常视力可见的外来杂质。成品的水分要求≤7%。

五、实验结果分析

相关实验结果及分析见表4－10。

表4－10　　实验结果分析

实验名称		实验日期	
检验项目	结果		
感官指标 外观形状 色泽 气味和滋味 口感 内部组织结构			
主要结论 问题分析与收获			

六、思考题

1. 膨化食品有何特点？
2. 产品的口味、风味如果不合适，应如何改进？
3. 挤压物料水分含量过高或过低会对膨化产品品质产生何种影响？
4. 挤压膨化处理对食物中营养素组成及含量有何影响？

实验六　方便面的加工

一、实验原理

方便面是为了适应快节奏的现代生活出现的方便食品，其实验原理是先将各种原辅料放入和面机内充分揉和均匀，静置熟化后切条然后经过波纹成型机形成波纹面，然后蒸煮使淀粉糊化，再经定量切块后用热风或油炸方式使其迅速脱水干燥加深其糊化程度，保持了糊化淀粉的稳定性，防止糊化淀粉重新老化，最后经冷却包装后即为成品。

二、实验目的

了解并掌握方便面生产的工艺流程和工艺要点。

三、材料与设备

实验材料：面粉、精制盐、碱水（无水碳酸钾30%、无水碳酸钠57%、无水正磷酸钠7%、无水焦磷酸钠4%、次磷酸钠2%）、增稠剂［瓜尔胶、羧甲基纤维素

(CMC)]、棕榈油等。

仪器设备：和面机、搅拌机、压面机（5道辊或7道辊）、切面机、蒸面机、油炸锅等。

四、实验步骤

1. 工艺流程

小麦面粉、水、盐、碱、增稠剂→和面→熟化→复合→压延→切条折花→蒸面→切断成型→油炸干燥→冷却、汤料→包装

2. 参考配方

小麦粉25kg、精制盐0.35kg、碱水（换算成固体）0.035kg、增稠剂0.05kg、水0.25kg。

3. 操作要点

（1）和面　配料加水搅拌15min，加水温度一般为20℃左右，搅拌桨线速率2~3r/s。

（2）熟化　在熟化机内进行，时间15~20min，搅拌桨线速率0.6r/s。

（3）压片　5~7道辊压，最大压薄率不超过40%，最后压薄率9%~10%。

（4）切条成型　用切刀将面片切成细条状。

（5）蒸面　蒸面的温度和时间必须严格掌握，小麦粉的糊化温度是65~67.5℃，蒸面控制为1.8~2.0kg/cm^{2}时，蒸面时间以60~95s为宜，温度必须在70℃以上。

（6）切断折叠　按一定长度切断并对折。

（7）油炸干燥　将蒸熟的面块放入140~150℃的棕榈油中，油炸时间60~70s。

（8）冷却包装　将油炸干燥后的面条冷却至室温或略高于室温，然后检验、包装，即成成品。

4. 产品的品质评价

（1）感官指标　参照表4-11进行评价《感官分析方便面感官评析方法》（GB/T 25005-2010）。

表4-11　方便面感官评价评分规则

感官指标	评价标度		
	低 1~3分	中 4~6分	高 7~9分
色泽	有焦、生现象，亮度差	颜色不均匀，亮度一般	颜色标准、均匀、光亮
表观状态	起泡分层严重	有起泡或分层	表面结构细密、光滑
复水性	复水性差	复水一般	复水好
光滑性	很不光滑	不光滑	适度光滑
软硬度	太软或太硬	较软或较硬	适中无硬心
韧性	咬劲差、弹性不足	咬劲和弹性一般	咬劲合适、弹性适中
黏性	不爽口、发黏或夹生	较爽口、稍粘牙或稍夹生	咀嚼爽口、不粘牙，无夹生
耐泡性	不耐泡	耐泡性较差	耐泡性适中

（2）理化指标　水分（g/100g）≤8.0、酸价（以脂肪计）（mgKOH/100g）≤1.8、α化度85%、复水时间3min、过氧化值（以脂肪计）（g/100g）≤0.25。

（3）淀粉α化程度测定　用碘量法测定转化葡萄糖的含量，根据滴定结果计算α化程度。

五、实验结果分析

相关实验结果及分析见表4－12。

表4－12　实验结果分析

实验名称		实验日期	
检验项目	结果		
感官指标 理化指标 水分 酸价 复水量 α化度 过氧化值			
主要结论 问题分析与收获			

六、思考题

1. 如何去除油炸后面块附着的油脂？
2. 方便面中的食品添加剂各有什么作用？
3. 详述油炸方便面的工艺流程，并思考各操作单元的影响因素。

实验七　大豆肽粉的制作

一、实验原理

大豆肽粉是以大豆粕或大豆蛋白等为主要原料，用酶解或微生物发酵法生产的，分子质量在5000u以下，主要成分为肽的粉末状物质。大豆肽具有无豆腥味、无蛋白变性、酸性不沉淀、加热不凝固、易溶于水、流动性好等特性。大豆肽易被人体吸收，其生理活性功能包括抗疲劳、降胆固醇、降血压、抗氧化等，是优良的保健食品素材。

二、实验目的

了解酶解制备大豆肽的原理；了解大豆肽水解度和分子质量分布的测定方法；掌

握大豆肽的制备方法。

三、材料、试剂与设备

材料与试剂：大豆蛋白、Alcalase 蛋白酶、2mol/L NaOH、2mol/L HCl。

仪器设备：酶解罐、碟片式分离机、真空浓缩罐、喷雾干燥机。

四、实验步骤

1. 酶解　将 3kg 的大豆蛋白置于 60L 水中搅拌溶解后，置于酶解罐（带有搅拌与加热功能的配料罐）中，用 2mol/L NaOH 将其 pH 调到 8.0，采用 Alcalase 蛋白酶酶解。酶解条件：加酶量 80g、酶解时间 3h、酶解温度 58℃。

2. 灭酶　酶解结束后，将大豆蛋白酶解液加热（水蒸气加热）到 90℃，保温 5min，灭酶，然后将大豆蛋白酶解液再迅速冷却到室温。

3. 离心分离　采用碟片式分离机（7000r/min）对大豆蛋白酶解液分离。

4. 真空浓缩　采用真空浓缩罐对大豆蛋白酶解液浓缩到最初体积的 1/4。浓缩条件：浓缩温度 60℃、真空度 80～93kPa。

5. 干燥　采用喷雾干燥机对浓缩酶解液干燥，获得大豆肽粉。工艺参数：进风温度为 180℃，出风温度为 80℃。

6. 成品的质量评价

（1）理化指标　蛋白质含量（以干基计，N×6.25）≥85%；≥80% 肽段的分子质量≤5000u；水分含量≤6%。

（2）感官指标　色泽为淡黄色；100% 通过孔径为 0.250mm 的筛；具有本产品特有的滋味与气味，且无明显的苦味；无肉眼可见的外来杂质。

五、实验结果分析

相关实验结果及分析见表 4－13。

表 4－13　　实验结果分析

实验名称		实验日期	
检验项目	结果		
感官指标 理化指标 分子质量 蛋白质			
主要结论 问题分析与收获			

六、思考题

1. 大豆肽水解度的测定方法有哪些?
2. 如何降低大豆肽的吸湿性?
3. 大豆肽与大豆蛋白的差异表现在哪些方面?

第五章
饮料加工工艺实验

实验一　苹果汁的澄清

一、实验原理

果汁中的亲水胶体主要由胶态颗粒组成，含有果胶质、树胶质和蛋白质。因此，电荷中和、脱水和加热，都足以引起胶粒的聚集沉淀。一种胶体能激化另一种胶体，并使之易被电解质沉淀。混合带有不同电荷的胶溶液，能使之共同沉淀。另外，加入果胶酶能水解果汁中的果胶质，使果汁中其他胶体失去果胶的保护作用而共同沉淀，达到澄清的目的。这些特性就是果汁澄清理论依据。

果汁的澄清是果汁加工中的重要工艺环节，直接影响到产品的感官质量。果汁的澄清法很多，其中澄清剂澄清、加酶澄清、加热澄清和冷冻澄清是常用的果汁澄清方法。

二、实验目的

本实验分别采用三种澄清剂及果胶酶处理果汁，了解果汁澄清度的理化测定和感官评价方法，并比较不同澄清方法的澄清效果。

三、材料与设备

实验材料：苹果、10g/L 壳聚糖溶液［称取 1g 壳聚糖于 100mL 2%（体积分数）的醋酸溶液中］；皂土溶液（称取一定量的皂土，用 3 倍质量的水搅拌均匀，加盖浸泡 8～12h）；果胶酶、明胶、单宁（食品添加剂级）、碘液、山苯酸钾。

仪器设备：多功能食品加工机、752 紫外光栅分光光度计。

四、实验步骤

1. 苹果汁的制备

挑选无腐烂、无虫害、无机械损伤的苹果 1.5kg，用水冲洗去除果皮表面的泥沙，去皮，用多功能食品加工机将果肉榨取出汁，汁液再用滤布滤去果肉，滤出的果汁每千克中加入 0.2g 的山梨酸钾，用于防腐。

2. 果汁澄清处理

量取100mL上述所得浑浊汁装于量筒中，分别加入2mL 10g/L的壳聚糖溶液、0.02g的皂土、5mL 1g/100mL明胶溶液（必须在充分搅拌下慢慢加入，以起到稳定作用）和10mg的单宁，充分搅拌均匀；另取一份100mL浑浊汁作对照，静置4h后，观察果汁的外观，感官描述沉淀的生成情况和果汁的浑浊程度。每个处理重复3次。

量取100mL上述所得浑浊汁于烧杯中，加入0.3g的果胶酶，充分搅拌均匀，静置2h，其他处理同澄清剂处理。

3. 果汁澄清程度的评价

（1）醇实验　取上清液5mL，加入95%（体积分数）的乙醇10mL，混合，静置2d，观察有无絮状物或沉淀形成。

（2）碘实验　取上清液5mL，加入10g/L的碘液1mL，观察颜色变化，是否有蓝色出现。

（3）透光率的测定　取上清液，用1mL的比色皿在640nm波长处测定透光率。

五、实验结果分析

相关实验结果及分析见表5-1。

表5-1　实验结果分析

实验名称		实验日期	
检验项目	结果		
醇实验 皂土 壳聚糖 明胶-单宁 果胶酶 碘实验 皂土 壳聚糖 明胶-单宁 果胶酶 透光率 皂土 壳聚糖 明胶-单宁 果胶酶			
主要结论 问题分析与收获			

六、思考题

1. 比较三种澄清剂和酶澄清的澄清效果。
2. 果汁澄清工艺在果汁加工中有何作用？
3. 在制作苹果汁过程中，如何减轻其褐变的发生？

实验二　橙汁饮料的风味调配

一、实验原理

橙汁饮料在国内外市场上是最受人们欢迎的饮料之一，它酸甜适口，有柑橘的香气，色泽柔和，含有多种人体所需的维生素和矿物质。果汁的糖酸比对突出果汁的风味和清凉感具有重要的作用。酸味与甜味相互间都存在着减效作用，甜味物质中加少量酸则甜味感觉减弱，在酸中加甜味物质则酸味感减弱。

橙汁饮料是在橙汁中加入水、糖液、酸味剂等调制而成的制品，要求成品中果汁含量不低于100g/L。因此，橙汁饮料制造的关键是果汁成分以外的各种成分的调和技术，尤其是如何突出新鲜和清凉感，并有柑橘原有的特色。另外，有些原果汁饮料并不一定适合消费者的口味。为使果汁产品符合规格要求和改进风味，需要适当调整糖酸比例，但调整范围不宜过大，以免失去果汁原有的风味。一般认为，绝大多数果汁成品的糖酸比例在13∶1～15∶1为宜。

二、实验目的

通过在橙汁中加入不同的辅料，对其风味进行感官评价，以掌握果蔬汁的调配方法。

三、材料与设备

实验材料：橙汁（市售）、砂糖、柠檬酸、甜蜜素、香精。
仪器设备：糖度计、酸碱滴定管。

四、实验步骤

1. 参考配方

配方一：橙汁200g、柠檬酸5～9g、砂糖110～150g、橘子油香精0.08%～0.12%。配方二：橙汁200g、柠檬酸5～8g、砂糖60g、甜蜜素0.5～0.7g。

2. 操作要点

（1）用糖度计测定原果汁的含糖量　砂糖先配成60%浓糖液加热溶解，通过0.5mm网目过滤除去夹杂物。按配方一将橙汁和糖液混合，其中要求加入糖液的含糖量分别为120g、130g、140g。

（2）加柠檬酸　向上述混合液中加柠檬酸，加入量分别为5g、6g、7g，混合均匀。

（3）通过批次品尝筛选出最佳的糖酸组合　测定果汁的糖度和含酸量，计算糖酸比。含酸量测定方法：称取待测定的果汁50g于200mL锥形瓶内，加入1%酚酞指示剂数滴，然后用0.1563mol/L氢氧化钠标准溶液滴定至终点，按下式计算，果汁含酸量以无水柠檬酸计。

$$果汁含酸量/\% = V \times M \times 0.064 \times 100/50$$

式中　V——滴定耗用氢氧化钠标准溶液体积，mL；

M——氢氧化钠标准溶液的摩尔浓度，mol/L；

0.064——柠檬酸系数。

（4）加入香精　向最佳糖酸比的果汁内加入香精，加入量分别为0.08%、0.09%、0.1%、0.11%、0.12%，找出风味最佳时香精加入量。

（5）按配方二调和果汁的风味　利用 L_9（3^4）正交试验表5-2确定甜蜜素和砂糖、柠檬酸的最适配比。通过口感评分和口感评价找出最佳配比，并记录实验结果。

表5-2　　糖酸比正交试验因素水平表

水平	因素		
	A 甜蜜素/g	B 柠檬酸/g	C 砂糖/g
1	0.5	5	120
2	0.6	6	130
3	0.7	7	140

五、实验结果分析

相关实验结果及分析见表5-3。

表5-3　　实验结果分析

实验名称		实验日期	
检验项目	结果		
最佳配方			
主要结论 问题分析与收获			

六、思考题

1. 通过品尝来比较用甜蜜素代替部分砂糖与仅用砂糖制得的饮料口感有何差异，如何改进？
2. 糖酸比对果蔬汁品质有何影响？
3. 为什么要将饮料所需的各组分如糖液、添加剂等先配成一定浓度的溶液再使用？

实验三　果汁饮料的加工

一、实验原理

果蔬汁及其饮料种类很多，生产工艺和使用设备也不一样，新技术和新设备在不断地应用。果汁饮料的生产是采用物理方法如压榨、浸提、离心等，破碎果实制取汁液，再通过加糖、酸、香精、色素等混合调整后，杀菌灌装而制成。在果蔬汁饮料生产中常会出现混浊、沉淀、变色、变味等质量问题。对于果肉果汁饮料，引起变色、变味的主要原因是酶促褐变、非酶褐变和微生物生长繁殖。在加工过程中可以采取加热漂烫钝化酶的活性，添加抗氧化剂、有机酸，避免与氧接触，加强卫生管理，严格灭菌操作等手段来防止出现质量问题。

二、实验目的

熟悉和掌握果汁饮料生产工艺过程和工艺要点；了解主要生产设备的性能和使用方法及防止出现质量问题的措施。

三、材料与设备

实验材料：山楂、苹果或橘子等水果、砂糖、稳定剂、酸味剂、抗氧化剂、香精、色素等。

仪器设备：不锈钢锅、打浆机、榨汁机、胶体磨、脱气机、均质机、压盖机、糖度计、玻璃瓶、皇冠盖（冲压型马口铁盖，厚度0.23mm）、温度计、烧杯、台秤、天平等。

四、实验步骤

1. 工艺流程

原料处理→加热软化→打浆过滤→配料→脱气→均质→杀菌→灌装压盖→杀菌→冷却→成品

2. 参考配方

原果浆35%～40%，砂糖13%～15%，稳定剂0.2%～0.35%，色素、香精少量。

3. 操作要点

（1）原料处理　采用新鲜无霉烂、无病虫害、冻伤及严重机械伤的水果，成熟度八至九成。然后以清水清洗干净，并摘除过长的果把，用小刀修除干疤、虫蛀等不合格部分，最后再用清水冲洗一遍。

（2）加热软化　洗净的果以2倍质量的水进行加热软化，沸水下锅，加热软化3～8min。

（3）打浆过滤　软化后的果趁热打浆，浆渣再以少量水打一次浆。用60目的筛过滤。

（4）混合调配　按产品配方加入甜味剂、酸味剂、稳定剂等在配料罐中进行混合并搅拌均匀。

（5）真空脱气　用真空脱气罐进行脱气，料液温度控制在30～40℃，真空度为55～65kPa。

（6）均质　均质压力在18～20MPa，使组织状态稳定。

（7）灌装、密封　均质后的果汁经加热后，灌入事先清洗消毒好的玻璃瓶中，轧盖密封。

（8）杀菌、冷却　轧盖后马上进行加热杀菌，杀菌条件为20min—30min/100℃，杀菌后分段冷却至室温。

4. 产品的品质评价

（1）色泽　具有原料果特有的色泽。

（2）滋味及气味　酸甜适口、具有原料果应有的香味和气味。

（3）组织形态　果肉细腻并均匀地分布于液汁中，无分层、沉淀现象。

五、实验结果分析

相关实验结果及分析见表5－4。

表5－4　实验结果分析

实验名称		实验日期	
检验项目	结果		
感官指标 色泽 滋味及气味 组织形态			
主要结论 问题分析与收获			

六、思考题

1. 果蔬在加工过程中色泽为什么会发生变化？如何防止？
2. 如何防止果蔬汁在存放过程中发生浑浊、沉淀现象？
3. 在实验室条件下，如何控制各个加工环节的操作卫生？
4. 一种优质的饮料应具备哪些特性？

实验四　花生饮料的加工

一、实验原理

植物蛋白饮料是指以植物果仁、果肉等为原料（如大豆、花生、杏仁、核桃仁、椰子等），经提取、调配后，再经高压杀菌或无菌包装制得的乳浊状饮料。用于生产植物蛋白饮料的原料除了含有蛋白质以外，还含有脂肪、碳水化合物、矿物质、各种酶类如脂肪氧合酶、抗营养物质等。这些成分在加工过程中的变化往往会导致成品出现质量问题，如蛋白质分层或沉淀、脂肪上浮、豆腥味和苦涩味的产生、变色及抗营养因子或毒性物质的存在等。因此，植物蛋白饮料的稳定性和风味是其制造的关键工艺。一般来说，通过添加稳定剂、乳化剂、热磨浆等方法钝化脂肪氧化酶或真空脱臭等可去除部分异味。另外，影响植物蛋白稳定的因素有原料浸泡的 pH、原料与水适宜的比例、洗渣用水量及温度、均质时的压力、温度和次数、均质与乳浊液颗粒大小的关系等。本实验采用花生为原料，调制花生乳饮料。

二、实验目的

掌握植物蛋白饮料制作的基本过程，典型植物蛋白饮料加工中要注意的问题，如花生去皮方法、增加植物蛋白饮料的稳定性等，并正确使用各种添加剂，同时注意投料顺序，掌握植物蛋白饮料配方设计的初步知识。

三、材料与设备

实验材料：花生 3000g、糖、稳定剂等适量。

仪器设备：打浆机、调配罐、夹层锅、脱气机、均质机、灌装机、压盖机、温度计、玻璃瓶等。

四、实验步骤

1. 工艺流程

砂糖→称量→溶解→过滤 ┐
花生仁→浸泡→脱皮→磨浆→过滤 ┘→调配→均质→脱气→灌装→密封→杀菌→成品

2. 操作要点

（1）去壳　用剥壳机或手工去壳，将腐烂变质、发霉的花生米挑出。

（2）去皮　花生先用开水热烫 10min，使红衣刚润透水而不渗于果肉为宜，然后手工去皮。

（3）浸泡　浸泡时料水比一般为花生与水质量比 1∶3，浸泡温度一般在 45℃以下。浸泡温度过高，加热过度，会使花生蛋白质热变性，反而影响提取率。为提高浸泡效率，浸泡液加0.25%～0.5%的$NaHCO_3$，调整其pH为7.5～9.5。一般花生冬季浸泡时间为12～14h，夏季为8～10h。

（4）磨浆、分离 花生磨浆一般采用两次磨浆法，粗磨用砂轮磨，料水比为1:10～1:15，粗浆用200目筛网分离。第一次磨浆大约用70%的水，第二次用30%的水，磨后的浆渣应手握成团，且松手后渣团能自动散开。精磨用胶体磨，使花生浆粒细度达到200目左右，磨后用200目筛网过滤。

（5）调配 砂糖先用热水溶化，再过滤煮沸，同时不断搅拌，以防止发生焦糖化现象。为了使用方便，把砂糖直接配成50%的溶液使用。配料时可将乳化剂、稳定剂与部分花生浆混合，通过胶体磨均匀混合后加入其余花生浆中，然后将其与糖浆混合。配料时料液温度60～65℃。以花生浆液质量为基准加入蔗糖6%～8%、聚磷酸三钠0.2%、单甘酯0.2%、蔗糖脂肪酸酯0.1%、司盘60 0.05%、琼脂粉0.05%、CMC－Na 0.02%、黄原胶0.02%、花生香精适量。用$NaHCO_3$调节花生乳液pH为6.5左右。

（6）脱气 均质前先脱气，脱气真空度为70～80kPa，均质压力为20～30MPa，料液温度为50～55℃，采用二次均质，以使产品充分乳化，提高乳化稳定性。

（7）杀菌、罐装 均质后进行80～90℃巴氏杀菌5～8min，趁热罐装，玻璃瓶罐装温度一般为70～80℃，密封后二次杀菌，杀菌公式20min—20min—20min/121℃，杀菌后分段冷却至30℃左右。

3. 产品的品质评价

感官指标：色泽为乳白色；应具有清甜醇厚的花生香味；花生乳液均匀浑浊，口感良好，无严重分层现象，长期静置后允许有少量沉淀；无肉眼可见的外来杂质。

五、实验结果分析

相关实验结果及分析见表5－5。

表5－5 **实验结果分析**

实验名称		实验日期	
检验项目	结果		
感官指标 色泽 滋味及气味 组织形态 杂质			
主要结论 问题分析与收获			

六、思考题

1. 花生浸泡时为什么加入 $NaHCO_3$？
2. 花生饮料加工中哪个工序采用二次均质？
3. 引起花生乳生青味和豆腥味的是什么物质？如何控制花生乳中生青味和豆腥味的产生？
4. 采用哪些措施控制花生乳饮料经常出现的分层和沉淀现象，提高其乳化稳定性？

实验五　茶饮料的加工

一、实验原理

茶饮料是指以茶叶的萃取液、茶粉、浓缩液为主要原料加工而成的，含有一定量的天然茶多酚、咖啡碱等茶叶有效成分的软饮料。茶饮料有很多品种，一般是由红茶、绿茶、乌龙茶等提取液，与水、甜味剂、酸味剂、香精、色素等成分调配后，混合罐装而成。

热茶水放凉后，容易出现“冷后浑”。特别是红茶和乌龙茶，冷后浑更明显。浑浊物主要成分是茶水中的茶多酚和咖啡碱络合后形成的茶乳酪。生产中可采取冷却、酶法分解、膜过滤、微胶囊技术等方法解决。由于茶乳酪是在茶汤冷却后形成的，所以在现代茶饮料典型生产工艺中，均采用热浸提后立即强制冷却的方法，迫使茶乳酪提前发生，然后用多道过滤的方法除去。

二、实验目的

掌握茶饮料制作的基本过程，并正确使用各种添加剂，同时注意投料顺序；了解茶饮料配方设计的初步知识，并学会分析茶饮料生产中容易出现的质量问题及解决方法。

三、材料与设备

实验材料：红茶、柠檬酸、砂糖等。

仪器设备：电磁炉、夹层锅、温度计、玻璃瓶等。

四、实验步骤

1. 工艺流程

茶叶→浸提→冷却→过滤→调配→加热→灌装→密封→杀菌→冷却→成品

↑（浸提）

水源→处理

2. 操作要点

（1）茶叶浸提　用去离子水，茶与水的质量比为 1 ∶ 100，90℃浸提 5min。浸泡时进行搅拌，让茶叶有效物质充分浸出。

（2）过滤　浸泡茶叶必须有效过滤，去除茶渣。采用60~80目的滤筛或滤布过滤，除去渣质。然后用10~15℃冷却水将茶浸提液冷却到20℃以下，再在冰水浴中将其继续冷却到5℃左右，静置15min后，再用200目滤布进行过滤。

（3）调配　按照茶汁、糖液、防腐剂、酸味剂、水的添加顺序进行调配。参考配方：红茶茶叶1%、砂糖3%~4%、柠檬酸0.1%~0.15%。调节pH至4.3~4.5。

（4）排气　将装好瓶的柠檬红茶置于水浴中，加热至85℃、5min。

（5）封瓶　用封罐机趁热封罐。

（6）高压灭菌　灌装柠檬红茶封罐后，放进杀菌锅内进行高压灭菌。在115℃条件下杀菌15min或120℃条件下杀菌7min。

五、实验结果分析

相关实验结果及分析见表5-6。

表5-6　实验结果分析

实验名称		实验日期	
检验项目	结果		
感官指标 色泽 滋味及气味 组织形态			
主要结论 问题分析与收获			

六、思考题

1. 茶饮料的稳定性与哪些因素有关？如何提高茶饮料的产品的稳定性？
2. 请对市场上常见茶饮料的优缺点做简要比较。

第六章 食品实验设计与数据处理

食品研究的重要表现形式是新产品、新工艺的研制与开发，食品研究与其他学科一样，实际上是一个研究数据的收集、整理、分析和表达过程。想要科学整理、分析所收集的实验资料，揭示出隐藏在其内部的规律性，就必须利用实验设计、数据处理的一些生物统计方法。

第一节　样品的采集与前处理

统计分析通常是通过样本来了解总体。这是因为有的总体是无限的、假想的，即使是有限的但包含的个体数目相当多，要获得全部观测值须花费大量人力、物力和时间；或者观测值的获得带有破坏性，如苹果硬度的测定，不允许对每一个果实进行测定。

收集资料（collection data）是统计工作的第一步，也是整个分析工作的基础。要使收集的原始资料（raw data）具有应用价值，则必须根据各类资料的要求，力求准确观察度量。如果收集的资料不正确或不完整，则用任何统计分析方法也无法弥补。

一、数据的整理

（一）次数分布表

数量资料的整理，主要是编次数分布表。它是将资料按可能出现的范围分为若干组，然后将资料的各观察值归到相应的组内，做成表格形式，就是次数分布表。这是资料整理的基本方法。这里仅介绍连续性变量资料的次数分布表。连续性变量资料的整理，通常是先确定全距、组数、组距、组中值及组限，然后将全部观察值计数归组。

【例1】　从某一罐头车间随机抽取100听罐头样品，分别称取其质量，结果如表6－1所示。

表6－1　**100听罐头样品的净重**　单位：g

342.1	340.7	348.4	346.0	343.4	342.7	346.0	341.1	344.0	348.0	344.2	342.5	350.0	343.5
346.3	346.0	340.3	344.2	342.2	344.1	345.0	340.5	344.2	344.0	341.1	345.6	345.0	348.6
343.5	344.2	342.6	343.7	345.5	339.3	350.2	337.3	345.3	358.2	341.0	346.8	344.3	347.2
344.2	345.8	331.2	342.1	342.4	340.5	350.0	343.2	347.0	340.2	343.3	350.2	346.2	339.8
344.0	353.3	340.2	336.3	348.9	340.2	356.1	346.0	345.6	346.2	342.3	339.9	338.0	344.4
340.6	339.7	342.3	352.8	342.6	350.3	348.5	344.0	350.0	335.1	339.5	346.6	341.1	347.2
340.3	338.2	345.5	345.6	349.0	336.7	342.0	338.4	343.9	343.7	343.0	339.9	347.3	341.0
341.1	347.1												

1. 求全距

全距（range）是资料中最大值与最小值之差，又称极差。表 6－1 中最大值为 358.2，最小值为 331.2，则全距为 358.2－331.2＝27.0。

2. 确定组数

组数要适当，视样本含量及资料的变动范围大小而定，一般以达到既简化资料又不影响反映资料的规律性为原则。表 6－2 给出了不同样本含量资料的组数，可供确定组数时参考。

表 6－2　样本含量与分组数

样本含量（n）	组数	样本含量（n）	组数
60～100	7～10	200～500	12～17
100～200	9～12	>500	17～30

注：本例 $n=100$，初步确定组数为 9。

3. 确定组距

每组最大值与最小值之差称为组距（class interval），记为 i。等组距分组时，组距的计算公式为：

$$组距\ i=全距/组数$$

$$本例\ i=27/9=3。$$

4. 确定组限及组中值

各组的最大值与最小值称为组限（class limit）。最小值称为下限（lower limit），最大值称为上限（upper limit）。每一组的中点值称为组中值（class value）。显然，组中值＝（组下限＋组上限）/2＝组下限＋1/2 组距＝组上限－1/2 组距，它是该组的代表值。组距确定后，首先要选定第一组的组中值。为了避免第一组归组后数据太多，且能较正确地反映资料的规律性，第一组的组中值以接近于或等于资料中的最小值为宜，一般取整数成易计算的小数。第一组组中值确定后，该组组限即可确定，其余各组的组中值和组限也可相继确定。如例表 6－1 中，最小值为 331.2，第一组的组中值取 331.0，则第一组的下限为 331.0－（1/2×3）＝329.5；第一组的上限也是第二组的下限，即 329.5＋3＝332.5；第二组的上限也就是第三组的下限，为 332.5＋3＝335.5，…，依此类推分别为 329.5～332.5，332.5～335.5，…。为了使恰好等于前一组上限和后一组下限的数据能确切归组，约定将其归入后一组。故对于连续性变数资料，各组的上限一般不标出。

5. 制作次数分布表

分组结束后，将资料中的每一观察值逐一归组，统计每组内所包含的观察值个数，作为各组的次数，如此便完成了次数分布表。

100 听罐头净重的次数分布表见表 6－3。从表中可以看出资料的分布情况。次数分布表使人们对实验数据的集中与分散程度有了进一步的认识，而且有助于简化统计分析。例如，100 听罐头的单听净重，多数集中在 343g，约占观察值总个数的1/3，用它来表达罐头的单听净重的平均水平，有较强的代表性。

表 6－3　　100 听罐头净重的次数分布表

组限	组中值（x）	次数（f）	组限	组中值（x）	次数（f）
329.5～	331.0	1	344.5～	346.0	17
332.5～	334.0	3	347.5～	349.0	8
335.5～	337.0	10	350.5～	352.0	2
338.5～	340.0	26	353.5～	355.0	1
341.5～	343.0	31	356.5～	358.0	1

由次数分布表 6－3 还可以看出，每听罐头净重小于 332.5g 及大于 356.5g 的，均为极少数，分别只占到观察值总数的 1%。通过次数分布表可以更加清楚地看到，100 听罐头净重的分布基本上是以 343.0 为中心，向两边做递减的对称分布。

（二）次数分布图

次数分布图是利用图形将统计资料形象化，利用线条高低、面积大小及点分布来表示数量变化，形象直观，一目了然。常用的次数分布图有长条图、圆图、线图、折线图等，由于篇幅限制，请参阅其他参考书。

二、数据资料的特征数

从次数分布表和次数分布图，我们可以清楚地看到数据资料的分布具有两个明显的基本特征：集中性和离中性。为了反映数据资料分布的这两个基本性质，必须算出它们的特征数。

（一）平均数

平均数是统计学中最常用的统计量，用来表示资料中观测值集中程度的特征值。最常用的是算术平均数。算术平均数是指资料中各观测值的总和除以观测值个数所得的商，简称平均数或均数，记为 $\bar{x}$。设某一资料包含 n 个观测值：x_1，x_2，…，x_n，则样本平均数 $\bar{x}$ 可通过下式计算：

$$\bar{x} = \frac{x_1 + x_2 + x_3 + \cdots + x_n}{n} = \frac{\sum_{i=1}^{n} x_i}{n}$$

（二）标准差

标准差（standard deviation）用以表示资料的变异程度，其单位与观察值的度量单位相同。由样本资料计算标准差的定义公式为：

$$S = \sqrt{\frac{\sum (x_i - \bar{x})^2}{n-1}}$$

【例 2】　测得 8 尾鲤鱼体质量（单位：kg），资料列于表 6－4，计算其标准差。

表6-4　　8尾鲤鱼体重标准差的计算

鲤鱼体重（x）	x^2
3.7	13.69
3.5	12.25
3.6	12.96
4.2	17.64
2.9	8.41
2.8	7.84
4.1	16.81
3.3	10.89
$\sum x = 28.1$	$\sum x^2 = 100.49$

将表6-4中有关数据代入公式得：

$$S = \sqrt{\frac{\sum(x-\bar{x})^2}{n-1}} = \sqrt{\frac{\sum x^2 - \frac{(\sum x)^2}{n}}{n-1}} = \sqrt{\frac{100.49 - \frac{28.1^2}{8}}{8-1}} = 0.51\ (\text{kg})$$

（三）变异系数

变异系数是衡量数据变异程度的一个统计量。标准差与平均数的比值即称为变异系数（variation coefficient），用符号 CV 表示。变异系数的公式为：

$$CV = \frac{s}{\bar{x}} \times 100\%$$

式中　CV——变异系数；

s——标准差；

$\bar{x}$——平均数。

【例3】　100个苹果的平均重为180g，标准差为10.2g，而50个大枣的平均重为90g，标准差为8.6g，请问苹果和大枣哪种变异程度大？

苹果重的变异系数：

$$CV/\% = \frac{s}{\bar{x}} \times 100 = \frac{10.2}{180} \times 100 = 5.7\%$$

大枣重的变异系数：

$$CV/\% = \frac{s}{\bar{x}} \times 100 = \frac{8.6}{90} \times 100 = 9.5\%$$

大枣重的变异系数大于苹果重的变异系数，说明大枣重的变异程度比苹果重的大。

第二节　实验设计方法

实验设计是进行科学研究的重要工具。其任务是在科研工作开始之前，根据所研究的问题要求，应用统计原理，制定合理的实验方案，做好实验的周密安排。一个良好的设计是使科学实验取得成果的重要因素之一，它可以用较少的人力、物力和时间获得正确而可靠的实验结论，明确回答科研所提出的问题。如果设计不合理，考虑不周，不仅得不到预期的结果，甚至会导致整个实验失败。因此，正确掌握实验设计技术，无论是在科研上，还是在生产上，都有非常重要的意义。

一、实验设计的基本原则

一个良好的实验设计，只有遵循重复、随机化和局部控制三大原则，才能获得真实的处理效应和无偏的实验误差，从而对各处理的比较做出可靠的结论。重复、随机化、局部控制称为费希尔（Fisher）三原则，是实验设计中必须遵循的原则。

二、随机区组实验设计

（一）单因素随机区组实验设计

随机区组设计是一种适用性较广泛的设计方法。既可用于单因素实验，也适用于多因素实验。

【例4】 红碎茶加工中的通气发酵实验，因素为发酵时间 A，有 5 个水平（$k=5$）：A_1（30min），A_2（50min），A_3（70min），A_4（90min），A_5（120min），实验目的是从各处理中找出最适的发酵时间。实验设 4 次重复（$r=4$）。本实验中多数非处理条件都能被控制为相对一致，只是用来揉切茶叶的 4 台转子机是不同型号的。因此采用随机区组法来安排本实验。

本实验设计中，分别以各台转子机安排 1 个区组（重复）。先给各台转子机（甲、乙、丙、丁）编号为区组Ⅰ、Ⅱ、Ⅲ、Ⅳ。实验的每个供实单元以从转子机出来的每 25kg 揉碎叶为准。各台转子机先后出来的 5 个 25kg 揉碎叶即为该区组的 5 个供实单元，分别编号为①、②、③、④、⑤。至于各处理安排在哪个供实单元，则由随机方法（如抽检法）确定。表 6－5 即为本实验的设计方案。

表 6－5　单因素随机区组实验设计方案

区组（揉切机）	实验单元序号（揉碎叶出机先后序号）				
	1	2	3	4	5
Ⅰ	A_2	A_5	A_1	A_4	A_3
Ⅱ	A_1	A_3	A_5	A_2	A_4
Ⅲ	A_5	A_4	A_3	A_1	A_2
Ⅳ	A_3	A_2	A_4	A_5	A_1

按表 6－5 设计方案实施本实验，即为在甲机上最先出来的 1 个 25kg 揉碎叶安排第二水平 A_2，即发酵时间为 50min；接着出来的第二个 25kg 揉碎叶安排第五个水平 A_5，即发酵时间 120min；以此类推。照此方案就可完成本实验全部实施工作。

（二）双因素随机区组实验设计

随机区组实验设计在安排复因素实验时，方法与单因素实验设计基本相同，只是事先要将各因素的各水平相互搭配成水平组合，以水平组合为处理，每个供实单元安排1个水平组合。下面以1个双因素实验为例来介绍复因素实验的随机区组设计方法。

【例5】 在蛋糕加工工艺研究中，欲考察不同食品添加剂对各种配方蛋糕质量的影响。本实验有2个因素，配方因素 A 有4个水平 A_1，A_2，A_3，A_4（$a=4$）；食品添加剂因素 B 有3个水平 B_1，B_2，B_3（$b=3$）。设3次重复（$r=3$）。因实验用烤箱容量不很大，不能一次性将全部实验蛋糕烘烤完，只能分次烘烤，故选用随机区组法安排实验。

根据题意，本实验的所有水平组合（处理）有12个（$ab=4\times3=12$）：A_1B_1，A_1B_2，A_1B_3，A_2B_1，A_2B_2，A_2B_3，A_3B_1，A_3B_2，A_3B_3，A_4B_1，A_4B_2，A_4B_3，依次编号为1，2，3，……12。由于烤箱容量不大，3次重复分3次烘烤。每次烘烤1个重复12个处理的蛋糕，作为1个区组。依烘烤的先后次序标为区组Ⅰ，Ⅱ，Ⅲ。每次烘烤的12个处理蛋糕在烤箱中的具体排列顺序由随机方法（如抽笺法）事先确定。本实验的设计方案由表6－6给出。

表6－6 双因素随机区组实验设计方案

区组	蛋糕在烘箱中的排列顺序											
Ⅰ	6	12	3	5	1	7	11	2	8	4	10	9
	A_2B_3	A_4B_3	A_1B_3	A_2B_2	A_1B_1	A_3B_1	A_4B_2	A_1B_2	A_3B_2	A_2B_1	A_4B_1	A_3B_3
Ⅱ	8	1	4	9	10	6	3	12	2	5	7	11
	A_3B_2	A_1B_1	A_2B_1	A_3B_3	A_4B_1	A_2B_3	A_1B_3	A_4B_3	A_1B_2	A_2B_2	A_3B_1	A_4B_2
Ⅲ	10	7	2	11	4	8	5	9	1	12	6	3

三、正交实验设计

（一）概述

正交实验设计（orthogonal design）简称正交设计（orthoplan），它是利用正交表（orthogonal table）科学安排与分析多因素实验的方法，是最常用的实验设计方法之一。

（二）正交表

正交表是一种特殊的表格，它是正交设计中安排实验和分析实验结果的基本工具。

1. 等水平正交表

所谓等水平的正交表，就是各因素的水平数是相等的。表6－7和表6－8是两张常用的等水平正交表。

表 6-7　　正交表 L_8 (2^7)

实验号	列号						
	1	2	3	4	5	6	7
1	1	1	1	1	1	1	1
2	1	1	1	2	2	2	2
3	1	2	2	1	1	2	2
4	1	2	2	2	2	1	1
5	2	1	2	1	2	1	2
6	2	1	2	2	1	2	1
7	2	2	1	1	2	2	1
8	2	2	1	2	1	1	2

表 6-8　　正交表 L_9 (3^4)

实验号	列号			
	1	2	3	4
1	1	1	1	1
2	1	2	2	2
3	1	3	3	3
4	2	1	2	3
5	2	2	3	1
6	2	3	1	2
7	3	1	3	2
8	3	2	1	3
9	3	3	2	1

两表中的 L_8 (2^7)、L_9 (3^4) 是正交表的记号，等水平的正交表可用如下符号表示：

$$L_n\ (r^m)$$

其中，L 为正交表代号；n 为正交表行数（需要做的实验次数）；r 为因素水平数；m 为正交表纵列数（最多能安排的因素个数）。所以正交表 L_8 (2^7) 总共有 8 行、7 列（见表 6-7），如果用它来安排正交实验，则最多可以安排 7 个 2 水平的因素，实验次数为 8，而 7 因素 2 水平的全面实验次数为 $2^7=128$ 次，显然正交实验能大大减少实验次数。

上述等水平正交表都具有以下两个重要的性质：

(1) 表中任一列，不同的数字出现的次数相同，也就是说每个因素的每一个水平都重复相同的次数。

（2）表中任意两列，把同一行的两个数字看成有序数字对时，所有可能的数字对（或称水平搭配）出现的次数相同。

这两个性质合称为“正交性”，这使实验点在实验范围内排列整齐、规律，也使实验点在实验范围内散布均匀，即“整齐可比、均衡分散”。

2. 混合水平正交表

在实际的科学实践中，有时由于实验条件限制，某因素不能多取水平；有时需要重点考察的因素可多取一些水平，而其他因素的水平数可适当减少。针对这些情况就产生了混合水平正交表。混合水平正交表就是各因素的水平数不完全相同的正交表，如 L_8（$4^1\times2^4$）就是一个混合水平正交表（表 6－9）。

表 6－9　正交表 L_8（$4^1\times2^4$）

实验号	列号				
	1	2	3	4	5
1	1	1	1	1	1
2	1	2	2	2	2
3	2	1	1	2	2
4	2	2	2	1	1
5	3	1	2	1	2
6	3	2	1	2	1
7	4	1	2	2	1
8	4	2	1	1	2

正交表 L_8（$4^1\times2^4$）也可以简写为 L_8（4×2^4），它共有 8 行、5 列，用这个正交表安排实验，要做 8 次实验，最多可安排 5 个因素，其中 1 个是 4 水平因素（第 1 列），4 个是 2 水平因素（第 2～5 列）。以 L_8（$4^1\times2^4$）为例，可以看出混合水平正交表也有两个重要性质。

（1）表中任一列，不同的数字出现的次数相同。

（2）每两列，同行两个数字组成的各种不同的水平搭配出现的次数是相同的，但不同的两列间所组成的水平搭配种类及出现次数是不完全相同的。

从这两个性质可以看出，用混合水平的正交表安排实验时，每个因素的各水平之间的搭配也是均衡的。其他混合水平正交表有：L_{12}（$3^1\times2^4$），L_{12}（$6^1\times2^4$），L_{16}（$4^1\times2^{12}$），L_{16}（$4^2\times2^9$），L_{16}（$4^3\times2^6$），L_{16}（$4^4\times2^3$），L_{18}（$6^1\times3^6$），L_{20}（$5^1\times2^8$），L_{24}（$3^1\times4^1\times2^4$）等。

（三）正交实验设计的基本步骤

正交实验设计的基本程序是设计实验方案和处理实验结果两大部分，主要步骤可归纳如下：

第一步，明确实验目的，确定评价指标；

第二步，挑因素，选水平；

第三步，选择合适的正交表，进行表头设计；

第四步，明确实验方案，进行实验；

第五步，对实验结果进行统计分析；

第六步，进行验证实验，做进一步分析。

四、均匀设计

均匀设计（uniform design）是中国数学家方开泰和王元于1978年首先提出来的，它是一种只考虑实验点在实验范围内均匀散布的一种实验设计方法。与正交实验设计类似，均匀设计也是通过一套精心设计的均匀表来安排实验的。由于均匀设计只考虑实验点的“均匀散布”，而不考虑“整齐可比”，因而可以大大减少实验次数，这是它与正交设计的最大不同之处。例如，在因素数为5，各因素水平数为31的实验中，若采用正交设计来安排实验，则至少要做 $31^2=961$ 次实验，这将难以实施，但是若采用均匀设计，则只需做31次实验。可见，均匀设计在实验因素变化范围较大，需要取较多水平时，可以极大地减少实验次数。

（一）均匀设计表

均匀设计表简称均匀表，是均匀设计的基础，与正交表类似，每一个均匀设计表都有一个代号，等水平均匀设计表可用 $U_n(r^l)$ 或 $U_n^*(r^l)$ 表示，其中，U 为均匀表代号；n 为均匀表横行数（需要做的实验次数）；r 为因素水平数，与 n 相等；l 为均匀表纵列数。代号 U 右上角加“ * ”和不加“ * ”代表两种不同的均匀设计表，通常加“ * ”的均匀设计表有更好的均匀性，应优先选用。表6－10和表6－11分别为均匀表 $U_7(7^4)$ 与 $U_7^*(7^4)$，可以看出，$U_7(7^4)$ 和 $U_7^*(7^4)$ 都有7行4列，每个因素都有7个水平，但在选用时应首选 $U_7^*(7^4)$。

表6－10　　$U_7(7^4)$

实验号	列号			
	1	2	3	4
1	1	2	3	6
2	2	4	6	5
3	3	6	2	4
4	4	1	5	3
5	5	3	1	2
6	6	5	4	1
7	7	7	7	7

表 6－11　　U_7^*（7^4）

实验号	列号			
	1	2	3	4
1	1	3	5	7
2	2	6	2	6
3	3	1	7	5
4	4	4	4	4
5	5	7	1	3
6	6	2	6	2
7	7	5	3	1

每个均匀设计表都附有一个使用表，根据使用表可将因素安排在适当的列中。例如，表 6－12 是 U_7（7^4）的使用表，由该表可知，两个因素时，应选用 1，3 两列来安排实验；当有 3 个因素时，应选用 1，2，3 三列，……。最后一列 D 表示均匀度的偏差（discrepancy），偏差值越小，表示均匀分散性越好。如果有两个因素，若选用 U_7（7^4）的 1，3 列，其偏差 $D=0.2398$，若选用 U_7^*（7^4）的 1，3 列（见表 6－13），相应偏差 $D=0.1582$，后者较小，可见当 U_n 和 U_n^* 表都能满足实验设计时，应优先选用 U_n^* 表。

表 6－12　　U_7（7^4）的使用表

因素数	列号				D
2	1	3			0.2389
3	1	2	3		0.3721
4	1	2	3	4	0.4760

表 6－13　　U_7（7^4）的使用表

因素数	列号			D
2	1	3		0.1582
3	2	3	4	0.2132

（二）均匀设计基本步骤

用均匀设计表来安排实验与正交实验设计的步骤相似，但也有一些不同之处。一般步骤如下：

1. 明确实验目的，确定实验指标

如果实验要考察多个指标，还要将各指标进行综合分析。

2. 选因素

根据实际经验和专业知识，挑选出对实验指标影响较大的因素。

3. 确定因素的水平

结合实验条件和以往的实践经验，先确定各因素的取值范围，然后在这个范围内取适当的水平。

4. 选择均匀设计表

这是均匀设计很关键的一步，一般根据实验的因素数和水平数来选择，并首选 U_n^* 表。由于均匀设计实验结果多采用多元回归分析法，在选表时还应注意均匀表的实验次数与回归分析的关系。

5. 进行表头设计

根据实验的因素数和该均匀表对应的使用表，将各因素安排在均匀表相应的列中，如果是混合水平的均匀表，则可省去表头设计这一步。需要指出的是，均匀表中的空列，既不能安排交互作用，也不能用来估计实验误差，所以在分析实验结果时不用列出。

6. 明确实验方案，进行实验

实验方案的确定与正交实验设计类似。

7. 实验结果统计分析

由于均匀表没有整齐可比性，实验结果不能用方差分析法，可采用直观分析法和回归分析方法。

（1）直观分析法　如果实验目的只是为了寻找一个可行的实验方案或确定适宜的实验范围，就可以采用此法，直接对所得到的几个实验结果进行比较，从中挑出实验指标最好的实验点。由于均匀设计的实验点分布均匀，用上述方法找到的实验点一般距离最佳实验点也不会很远，所以该法是一种非常有效的方法。

（2）回归分析法　均匀设计的回归分析一般为多元回归分析，计算量很大，一般需借助相关的计算机软件进行分析计算。

第三节　数据的统计处理

随着计算机技术的普及，使得计算机在实验数据处理中的作用越发重要，目前有许多现成的统计分析软件使实验数据处理变得更加简单和准确。除了世界著名的统计软件 SAS（Statistical Analysis System）、SPSS（Statistical Package for the Social Science）和 Statistica 之外，Excel、DPS（Data Processing System）等软件在统计分析中的应用也非常广泛。Excel 和 DPS 具有方便性和普遍性，很容易掌握和使用，所以本节重点介绍利用 Excel 和 DPS 来进行数据统计处理。

一、Excel 在数据统计处理中的应用

（一）单因素随机区组实验设计的方差分析

【例 6】　为考察温度对某种水果贮藏期的影响，选取了 5 种不同的温度，在同一

温度下各做3次实验，实验数据如表6-14，确定温度对贮藏期有无显著影响。

表6-14　　实验结果

实验次数	贮藏时间/d				
	60℃	65℃	70℃	75℃	80℃
1	90	97	96	84	84
2	92	93	96	83	86
3	88	92	93	88	82

此例可用“分析工具库”中的“单因素方差分析”工具来进行单因素随机区组实验设计的方差分析。

（1）在Excel 2003中将待分析的数据列成表格，如图6-1所示。图中的数据是按行组织的，当然也可以按列来组织。

	A	B	C	D	E
1					
2	温度	储藏期（天）（看成三个区组）			
3	60℃	90	92	88	
4	65℃	97	93	92	
5	70℃	96	96	93	
6	75℃	84	83	88	
7	80℃	84	86	82	
8					

图6-1　单因素方差分析数据

（2）在【工具】菜单下选择【数据分析】子菜单，然后选中“方差分析：单因素方差分析”工具，即可弹出单因素方差分析对话框，如图6-2所示。

（3）按图6-2所示的方式填写对话框。

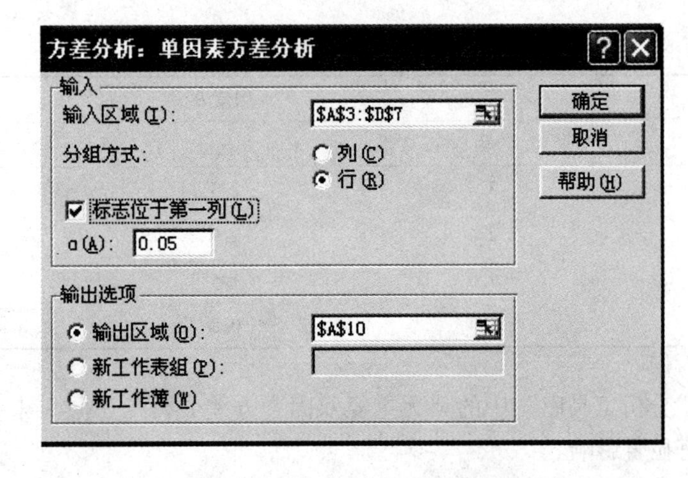

图6-2　单因素方差分析对话框

（4）按要求填完单因素方差分析对话框之后，单击【确定】按钮，即可得到方差分析的结果，如图 6－3 所示。

由图 6－3，其中 F－crit 是显著性水平为 0.05 时的 $F_{临界值}$，也就是从 F 分布表中查到的 $F_{0.05(4,10)}$，所以当 $F > F$－crit 时，因素（温度）对实验指标（贮藏期）有显著影响。P－value 所示的是 5 个组内平均值相等的假设成立的概率为 0.0299%，显然，P－value 越小说明因素对实验指标的影响越显著。

9							
10	方差分析：单因素方差分析						
11							
12	SUMMARY						
13	组	计数	求和	平均	方差		
14	60℃	3	270	90	4		
15	65℃	3	282	94	7		
16	70℃	3	285	95	3		
17	75℃	3	255	85	7		
18	80℃	3	252	84	4		
19							
20							
21	方差分析						
22	差异源	*SS*	*df*	*MS*	*F*	*P*-value	*F*-crit
23	组间	303.6	4	75.9	15.18	0.000299	3.47805
24	组内	50	10	5			
25							
26	总计	353.6	14				
27							

图 6－3　单因素方差分析结果

（二）两因素无重复完全随机实验的方差分析

【例 7】　为了考察两种保藏剂 A 和 B 对水果贮藏期的影响，对 A 取了 4 个不同水平，对 B 取了 3 个不同水平，在不同水平组合下各测了一次贮藏期（年），结果见表 6－15，检验两种保藏剂对贮藏期有无显著影响。

表 6－15　实验结果（贮藏期：年）

因素 A	因素 B		
	B_1	B_2	B_3
A_1	3.5	2.3	2.0
A_2	2.6	2.0	1.9
A_3	2.0	1.5	1.2
A_4	1.4	0.8	0.3

此例可用“分析工具库”中的“无重复双因素方差分析”工具，来判断两个因素对贮藏期是否有显著影响。

（1）在 Excel 中将待分析的数据列成表格，如图 6－4 所示。

	A	B	C	D	E
1			B因素		
2	A因素	B_1	B_2	B_3	
3	A1	3.5	2.3	2	
4	A2	2.6	2	1.9	
5	A3	2	1.5	1.2	
6	A4	1.4	0.8	0.3	
7					

图6－4　无重复双因素方差分析数据

（2）在【工具】菜单下选择【数据分析】子菜单，然后选中“方差分析：无重复双因素分析”，即可弹出无重复双因素方差分析对话框，如图6－5所示。

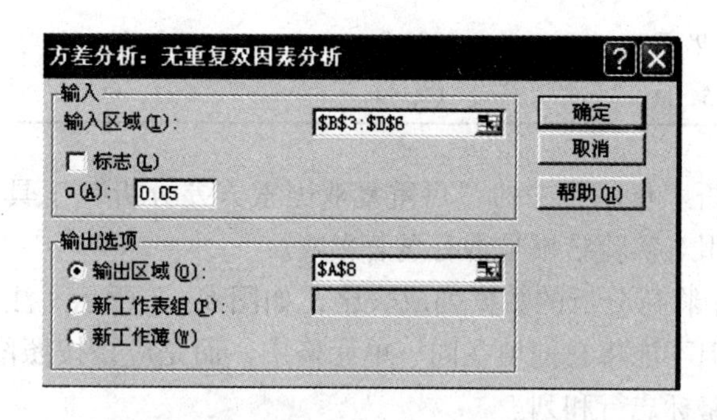

图6－5　无重复双因素方差分析对话框

（3）按图6－5所示的方式填写对话框。在本例中，由于所选的数据区域没有包括标志行和列，所以不用选中“标志”复选框。其他的操作与单因素方差分析是相同的。方差分析结果如图6－6所示。

8	方差分析：无重复双因素分析						
9							
10	SUMMARY	计数	求和	平均	方差		
11	行 1	3	7.8	2.6	0.63		
12	行 2	3	6.5	2.166667	0.143333		
13	行 3	3	4.7	1.566667	0.163333		
14	行 4	3	2.5	0.833333	0.303333		
15							
16	列 1	4	9.5	2.375	0.8025		
17	列 2	4	6.6	1.65	0.43		
18	列 3	4	5.4	1.35	0.616667		
19							
20							
21	方差分析						
22	差异源	*SS*	*df*	*MS*	*F*	*P*-value	*F*-crit
23	行	5.289167	3	1.763056	40.94839	0.000217	4.757055
24	列	2.221667	2	1.110833	25.8	0.00113	5.143249
25	误差	0.258333	6	0.043056			
26							
27	总计	7.769167	11				
28							

图6－6　无重复双因素方差分析结果

由图6－6，由于输入区域未包括标志，所以在方差分析表中分别用“行”和“列”代表对应的因素，其中“行”代表是因素 *A*，“列”代表的是因素 *B*，显然两因素都对分析结果（贮藏期）有显著影响。

（三）可重复实验的双因素方差分析

【例8】 表6－16给出了某保藏剂在3种浓度、4种温度水平下，水果贮藏期的数据，检验各因素及交互作用对水果贮藏期的影响是否显著。

表6－16　水果贮藏期的数据（贮藏期：月）

浓度/%	10℃	24℃	38℃	52℃
2	14，10	11，11	13，9	10，12
4	9，7	10，8	7，11	6，10
6	5，11	13，14	12，13	14，10

此例可用“分析工具库”中的“可重复双因素方差分析”工具，来判断两个因素以及两者的交互作用对实验结果是否有显著影响。

（1）在Excel中将待分析的数据列成表格，如图6－7所示。注意，在每种组合水平上有重复实验，但不能将它们填在同一单元格中，而是应该按照图6－7的格式组织数据，而且不能省略标志行和列。

	A	B	C	D	E	F
1						
2						
3		10℃	24℃	38℃	52℃	
4	2%	14	11	13	10	
5		10	11	9	12	
6	4%	9	10	7	6	
7		7	8	11	10	
8	6%	5	13	12	14	
9		11	14	13	10	
10						

图6－7　可重复双因素方差分析数据

（2）在【工具】菜单下选择【数据分析】子菜单，然后选中“方差分析：可重复双因素分析”，即可弹出可重复双因素方差分析对话框，如图6－8所示。

（3）按图6－8所示的方式填写对话框。应当注意的是，这里的输入区域一定要包括标志在内。其中“每一样本的行数”可以理解为每个组合水平上重复实验的次数，所以对于本例而言，应填入“2”。其他的操作与单因素方差分析和无重复双因素方差分析是相同的。方差分析结果如图6－9所示。

由图6－9，在方差分析表中，其中“样本”代表的是浓度，“列”代表的是温度，“交互”表示的是两因素的交互作用，“内部”表示的是误差。显然只有浓度对贮藏期有显著影响。

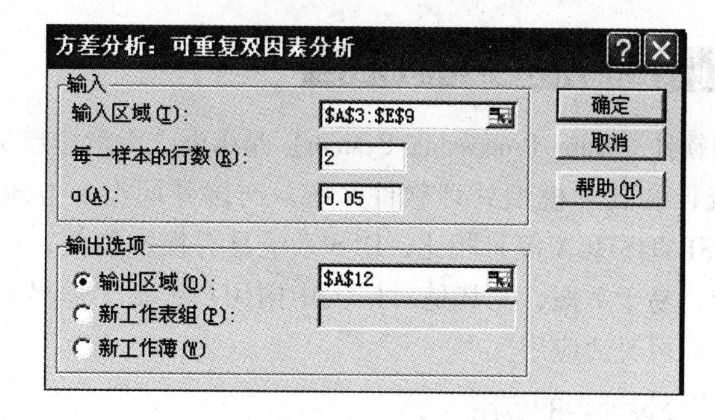

图6-8　可重复双因素方差分析对话框

	A	B	C	D	E	F	G	H
11								
12	方差分析：可重复双因素分析							
13								
14	SUMMARY	10℃	24℃	38℃	52℃	总计		
15	0.02							
16	计数	2	2	2	2	8		
17	求和	24	22	22	22	90		
18	平均	12	11	11	11	11.25		
19	方差	8	0	8	2	2.785714		
20								
21	0.04							
22	计数	2	2	2	2	8		
23	求和	16	18	18	16	68		
24	平均	8	9	9	8	8.5		
25	方差	2	2	8	8	3.142857		
26								
27	0.06							
28	计数	2	2	2	2	8		
29	求和	16	27	25	24	92		
30	平均	8	13.5	12.5	12	11.5		
31	方差	18	0.5	0.5	8	8.857143		
32								
33	总计							
34	计数	6	6	6	6			
35	求和	56	67	65	62			
36	平均	9.333333	11.16667	10.83333	10.33333			
37	方差	9.866667	4.566667	5.766667	7.066667			
38								
39								
40	方差分析							
41	差异源	*SS*	*df*	*MS*	*F*	*P*-value	*F*-crit	
42	样本	44.33333	2	22.16667	4.092308	0.044153	3.88529	
43	列	11.5	3	3.833333	0.707692	0.565693	3.4903	
44	交互	27	6	4.5	0.830769	0.568369	2.996117	
45	内部	65	12	5.416667				
46								
47	总计	147.8333	23					
48								

图6-9　可重复双因素方差分析结果

二、DPS 软件在数据统计处理中的应用

DPS 数据处理软件（Data Processing System）是由浙江大学唐启义教授设计研制的通用多功能数理统计和数学模型处理软件系统。与国外同类专业统计分析软件系统（如 SAS、STAT、STATISTICA 等）相比，DPS 系统具有操作简便，在统计分析和模型模拟方面功能齐全，易于掌握，尤其是对广大中国用户，其工作界面友好，只需熟悉它的一般操作规则就可灵活应用。

（一）DPS 在正交设计中的应用

【例 9】 为了提高果汁产率，科技人员考察了 pH、温度、加酶量和过滤时间对果汁产率的影响，进行了这 4 个因素各 2 个水平的正交实验。各因素及其水平见表 6－17。

表 6－17　　果汁产率正交实验的因子与水平表

因子	水平 1	水平 2
A pH	4	5
B 温度/℃	30	40
C 加酶量/U	100	200
D 过滤时间/h	1	2

（1）根据实验因素水平数以及是否需要估计互作来选择合适的正交表。此例选用 L_8（2^7）正交表。

在 DPS 软件中操作如下：选择【实验设计】菜单中的“正交设计”中的“正交设计”工具，打开“选择合适的正交设计表”对话框，选择“8 处理 2 水平 7 因素”正交表，点击“确定”，如图 6－10 所示。此时在 DPS 系统的电子表格中会显示出所选正交表的因素水平设计方案，如图 6－11 所示。

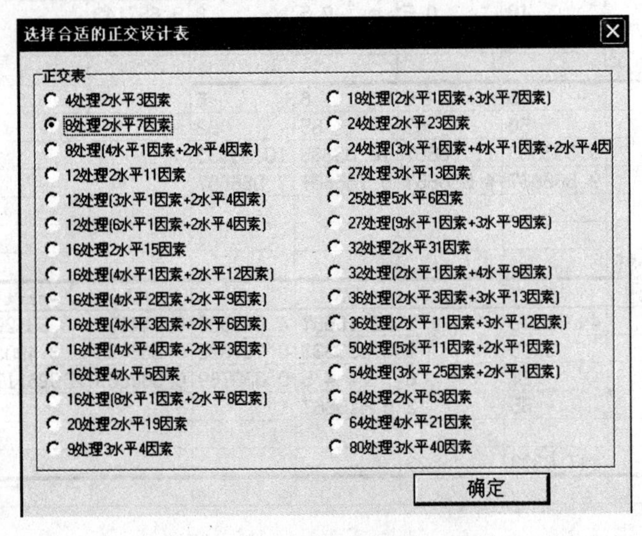

图 6－10　选择合适的正交表

DPS数据处理系统\D:\D盘\统计软件讲义\DPS\例子\第07章：最优回归.CLL

文件 编辑 数据分析 试验设计 试验统计 分类数据统计 专业统计 多元分析 数学模型 运筹学 数值分析 时间序列 其它 帮助

http://www.statforum.com

	A	B	C	D	E	F	G	H	I
1									
2									
3	计算结果　当前日期 2008-2-1 17:48:34								
4	8处理2水平7因素								
5	处理号	第1列	第2列	第3列	第4列	第5列	第6列	第7列	
6	1	1	1	1	1	1	1	1	
7	2	1	1	1	2	2	2	2	
8	3	1	2	2	1	1	2	2	
9	4	1	2	2	2	2	1	1	
10	5	2	1	2	1	2	1	2	
11	6	2	1	2	2	1	2	1	
12	7	2	2	1	1	2	2	1	
13	8	2	2	1	2	1	1	2	
14									
15									

图 6-11　所选正交表的因素水平设计表

（2）进行表头设计，就是把实验中挑选的各因素填到正交表的表头各列。表头设计原则是：不要让主效应之间、主效应与交互作用之间有混杂现象。由于正交表中一般都有交互列，因此当因素少于列数时，尽量不在交互列中安排实验因素，以防发生混杂；当存在交互作用时，需查交互作用表，将交互作用安排在合适的列上，本例中所述的提高果汁产率实验，若只考虑 $A \times B$ 互作，可选用 L_8（2^7）正交表，其表头设计见表 6-18。

表 6-18　提高果汁产率的表头设计

列号	1	2	3	4	5	6	7
因子	A	B	$A \times B$	C	$A \times C$		D

表头设计好后，把该正交表 L_8（2^7）中各列水平号换成各因素的具体水平就成为实验方案。例如，第 1 列放 A 因素（pH），就把第 1 列中数字 1 都换成 A 的第一水平（pH 为 4），数字 2 都换成 A 的第二水平（pH 为 5），以此类推。正交实验方案见表 6-19。

表 6-19　提高果汁产率的正交实验方案

实验号（处理组合）	1 列：pH	2 列：温度	4 列：加酶量	7 列：过滤时间
1	1　pH 为 4	1　30℃	1　100U	1　1h
2	1　pH 为 4	1　30℃	2　200U	2　2h
3	1　pH 为 4	2　40℃	1　100U	2　2h
4	1　pH 为 4	2　40℃	2　200U	1　1h
5	2　pH 为 5	1　30℃	1　100U	2　2h
6	2　pH 为 5	1　30℃	2　200U	1　1h
7	2　pH 为 5	2　40℃	1　100U	1　1h
8	2　pH 为 5	2　40℃	2　200U	2　2h

（3）在DPS系统中将实验结果输入（见图6－12）。

DPS数据处理系统\D:\D盘\统计软件讲义\DPS\例子\第07章：最优回归.CLL

文件 编辑 数据分析 试验设计 试验统计 分类数据统计 专业统计 多元分析 数学模型 运筹学 数值分析 时间序列 其它 帮助

http://www.statforum.com 数据标准化

	A	B	C	D	E	F	G	H	I
1									
2									
3	计算结果	当前日期	2008-2-1	17:48:34					
4	8处理2水平7因素								
5	处理号	第1列	第2列	第3列	第4列	第5列	第7列	果汁产率	
6	1	1	1	1	1	1	1	350	
7	2	1	1	1	2	2	2	325	
8	3	1	2	2	1	1	2	425	
9	4	1	2	2	2	2	1	425	
10	5	2	1	2	1	2	2	200	
11	6	2	1	2	2	1	1	250	
12	7	2	2	1	1	2	1	275	
13	8	2	2	1	2	1	2	375	
14									
15									

图6－12　在DPS电子表格中输入正交实验结果

（4）在DPS处理系统中选择所用的正交表，然后选择【实验统计】菜单中的“正交实验方差分析”工具见图6－13。随后系统会让用户输入实验因子（处理＋空闲因子）的总个数、多重比较方法等，系统一般能自动识别出来，故一般只需回车。此处注意，在正交设计的方差分析中，如果各列都被安排了实验因子，当对实验结果进行方差分析时，就无法估算实验误差，于是无法进行方差分析，所以本例中将所选正交表的第六列去掉。

DPS数据处理系统\D:\D盘\统计软件讲义\DPS\例子\第07章：最优回归.CLL

文件 编辑 数据分析 试验设计 试验统计 分类数据统计 专业统计 多元分析 数学模型 运筹学 数值分析 时间序列 其它 帮助

http://www.statforum.com 数据标准化

试验统计：
- 次数分布及平均数比较
- 方差齐性测验
- 完全随机设计
- 随机区组设计
- 裂区设计
- 重复测量数据分析
- 拉丁方试验设计
- 协方差分析
- GLM模型方差、协方差分析
- 正交试验方差分析
- 二次回归旋转组合设计
- 二次通用旋转组合设计
- 二次多项式回归分析
- 均匀设计回归分析
- Scheffe混料回归分析
- Cox混料回归分析
- 非参数检验
- 圆形分布资料统计分析

	A	B	C	D	E	F	G	H	I
1									
2									
3	计算结果	当前							
4	8处理2水平7因素								
5	处理号	第1列			第4列	第5列	第7列	果汁产率	
6	1			1	1	1	1	350	
7	2			1	2	2	2	325	
8	3			2	1	1	2	425	
9	4			2	2	2	1	425	
10	5			2	1	2	2	200	
11	6			2	2	1	1	250	
12	7			1	1	2	1	275	
13	8	2	2	1	2	1	2	375	
14									

图6－13　正交实验方差分析

（5）正交实验部分分析结果见图6-14。

计算结果　当前日期　2012-2-1　18：39：54

极差分析结果

总和 因子	水平1	水平2
第1列	1525.00000	1100.00000
第2列	1125.00000	1500.00000
第3列	1325.00000	1300.00000
第4列	1250.00000	1375.00000
第5列	1400.00000	1225.00000
第7列	1300.00000	1325.00000

均值 因子	水平1	水平2
第1列	381.25000	275.00000
第2列	281.25000	375.00000
第3列	331.25000	325.00000
第4列	312.50000	343.75000
第5列	350.00000	306.25000
第7列	325.00000	331.25000

因子	极小值	极大值	极差 R	调整 R'
第1列	275.00000	381.2500	106.2500	150.87500
第2列	281.25000	375.0000	93.7500	133.12500
第3列	325.00000	331.2500	6.2500	8.87500
第4列	312.50000	343.7500	31.2500	44.37500
第5列	306.25000	350.0000	43.7500	62.12500
第7列	325.00000	331.2500	6.2500	8.87500

方差分析结果

正交设计方差分析表（完全随机模型）

变异来源	平方和	自由度	均方	F 值	显著水平
第1列	22578.12500	1	22578.12500	32.11111	0.11120
第2列	17578.12500	1	17578.12500	25.00000	0.12567
第3列	78.12500	1	78.12500	0.11111	0.79517
第4列	1953.12500	1	1953.12500	2.77778	0.34404
第5列	3828.12500	1	3828.12500	5.44444	0.25776
第7列	78.12500	1	78.12500	0.11111	0.79517
误差	703.12500	1	703.12500		
总和	46796.87500				

字母标记表示结果

处理	均值	5%显著水平	1%极显著水平
3	425.00000	a	A
4	425.00000	a	A
8	375.00000	a	A
1	350.00000	a	A
2	325.00000	a	A
7	275.00000	a	A
6	250.00000	a	A
5	200.00000	a	A

图6-14　正交实验部分分析结果

由图 6－14 可知，各项变异来源的 *F* 值均不显著，这是由于实验误差自由度太小，达到显著的临界 *F* 值也过大所致。解决这个问题的根本办法是进行重复实验或重复抽样，也可以将 *F* 值小于 1 的变异项（即 *D* 因素和 *A*、*B* 互作）作为空闲因子，将它们的平方和与自由度和误差项的平方和自由度合并，作为实验误差平方和的估计值（SS'_e），这样既可以增加实验误差的自由度，也可减少实验误差方差，从而提高假设检验的灵敏度。

第 3 和第 7 列（实际中的第 6 列）*F* 值很小，作为空闲因子。这时根据提示，输入空闲因子所在列的序号"3，6"，执行计算后得到结果见表 6－20。

表 6－20　果汁产率正交实验的方差分析

变异来源	平方和	自由度	均方	*F* 值	显著水平
x（1）	22578.13	1	22578.13	78.81818	0.003010
x（2）	17578.13	1	17578.13	61.36364	0.004330
x（3）*	78.12500	1	78.12500		
x（4）	1953.125	1	1953.125	6.818182	0.079600
x（5）	3828.125	1	3828.125	13.36364	0.035350
x（6）*	78.12500	1	78.12500		
模型误差	156.2500	2	78.12500	0.111111	0.770580
重复误差	703.1250	1	703.1250		
合并误差	859.3750	3	286.4583		

注：*将 $F<1$ 因子作为空闲列。

由表 6－20 可知，pH、温度的 *F* 值均达极显著水平；pH ×加酶量互作的 *F* 值达显著水平。可见，假设检验的灵敏度明显提高。

（6）对于正交实验设计，也可以用极差分析法来选择最优处理。

极差比较：确定各因子或交互作用对结果的影响，从计算结果：

因子	极小值	极大值	极差 *R*	调整 *R'*
第 1 列	275.0000	381.2500	106.2500	150.8750
第 2 列	281.2500	375.0000	93.75000	133.1250
第 3 列	325.0000	331.2500	6.250000	8.875000
第 4 列	312.5000	343.7500	31.25000	44.37500
第 5 列	306.2500	350.0000	43.75000	62.12500
第 7 列	325.0000	331.2500	6.250000	8.875000

可以看出，pH 和温度的极差$|R|$分居第一、二位，是影响果汁产率的关键性因子，其次是 $A\times C$ 互作和加酶量，过滤时间和 $A\times B$ 互作影响较小。

水平选优与组合选优：根据各实验因子的总计数或平均数可以看出：*A* 取 A_1，*B* 取 B_2，*C* 取 C_2，*D* 取 D_2 为好，即果汁产率最高的处理为：$A_1B_2C_2D_2$，但由于 $A\times C$ 对产量影响较大，A 和 C 选哪个水平，应根据 A 与 C 的最好组合。所以还要对 $A\times C$ 的交互作用进行分析，$A\times C$ 交互作用的直观分析是求 A 与 C 形成的处理组合平均数：A_1C_1 = （350 + 425）/2 = 387.5，A_1C_2 = （350 + 425）/2 = 375.5，A_2C_1 = （200 + 275）/2 = 237.5，A_2C_2 = （250 + 375）/2 = 312.5。由此可知 A_1 与 C_1 条件配合时果汁产率最高。因此，在考虑 $A\times C$ 交互作用的情况下，生产果汁的最适条件应为：$A_1B_2C_1D_2$。它正是 3 号处理组合，也是 8 个处理组合中产量最高者。但 4 号处理组合与 3 号处理组合产量一样，二者有无差异，尚需方差分析。若选出的处理组合不在实验中，还需要再进行一次实验，以确定选出的处理组合是否最优。

互作分析与处理组合选优：由于 pH 极显著，加酶量不显著，pH ×加酶量互作显著，所以 pH 和加酶量的最优水平应根据 pH ×加酶量互作而定，即在 A_1 确定为最优水平后，在 A_1 水平上比较 C_1 和 C_2，确定加酶量的最优水平。因此，加酶量 C 因子还是取 C_1 较好；温度 B 因子取 B_2 较好；过滤时间 D 水平间差异不显著，取哪个都行，所以最优组合取 $A_1B_2C_1D_1$ 或 $A_1B_2C_1D_2$ 都可以。

（二）DPS 在均匀设计中的应用

【例 10】　考察多种化学元素对苹果产量的影响：有 6 种元素，17 个浓度的实验，研究这六种元素对苹果产量的总和影响。

（1）在菜单方式下选择“实验设计”中“均匀设计”中的“均匀实验设计”（如图 6 - 15），这时系统将出现如图 6 - 16 的对话框。在这里，用户输入实验因子数，本例中实验因子数是 6；本例中各个因子的水平数是 17，故输入 17。

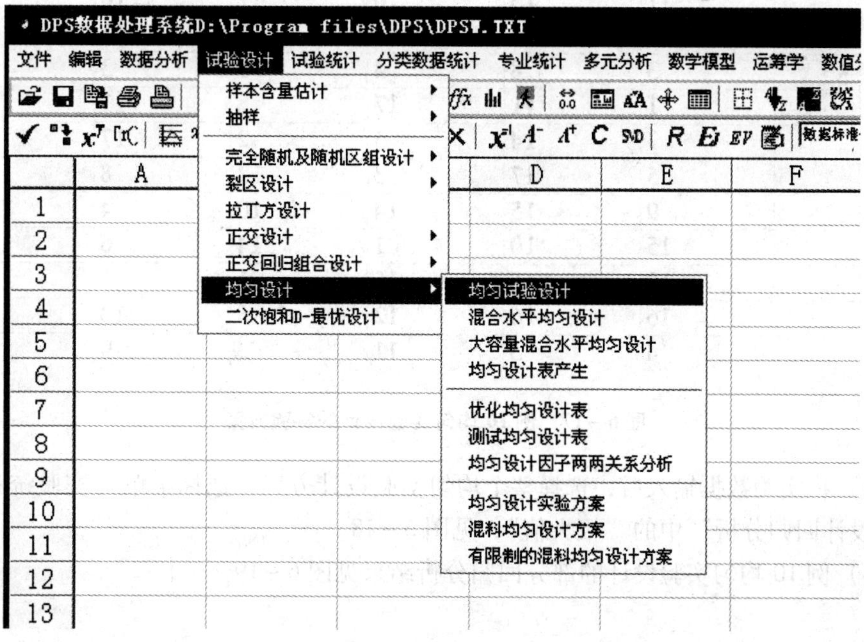

图 6 - 15　例 10 选择均匀实验设计

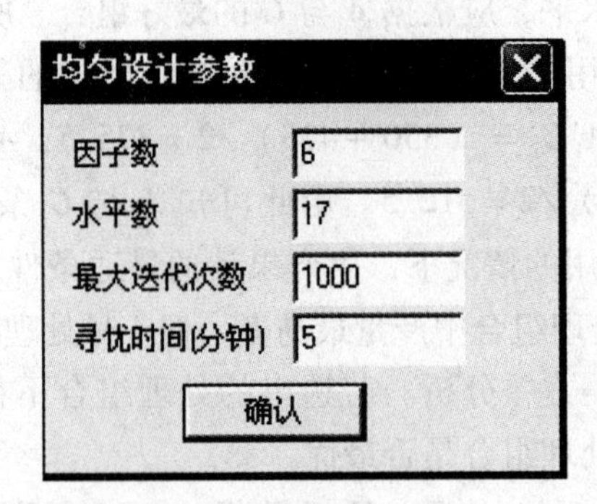

图6-16 例10【均匀设计参数】对话框

（2）在图6-16中点“确认”即可得到均匀实验设计的实验方案，见图6-17。在DPS系统中，可进行12个因子以下、31个水平以内的均匀实验设计。

均匀设计方案

因子	x_1	x_2	x_3	x_4	x_5	x_6
*N*1	17	1	9	9	5	8
*N*2	14	7	16	13	16	6
*N*3	13	12	7	4	1	5
*N*4	6	4	13	15	2	10
*N*5	8	2	6	11	15	15
*N*6	2	9	8	16	14	3
*N*7	11	13	10	17	10	17
*N*8	12	5	2	7	12	2
*N*9	3	8	4	6	3	16
*N*10	1	11	17	8	11	11
*N*11	7	14	5	2	17	9
*N*12	5	17	3	12	8	7
*N*13	9	15	14	10	4	1
*N*14	15	10	1	14	6	12
*N*15	10	6	15	1	7	14
*N*16	16	16	12	5	13	13
*N*17	4	3	11	3	9	4

图6-17 例10均匀实验设计的实验方案

（3）将实验数据输入后，选择整个均匀实验设计方案，选择菜单“实验统计”中“均匀设计回归分析”中的“极大值”，见图6-18。

（4）例10均匀实验设计的部分回归分析结果见图6-19。

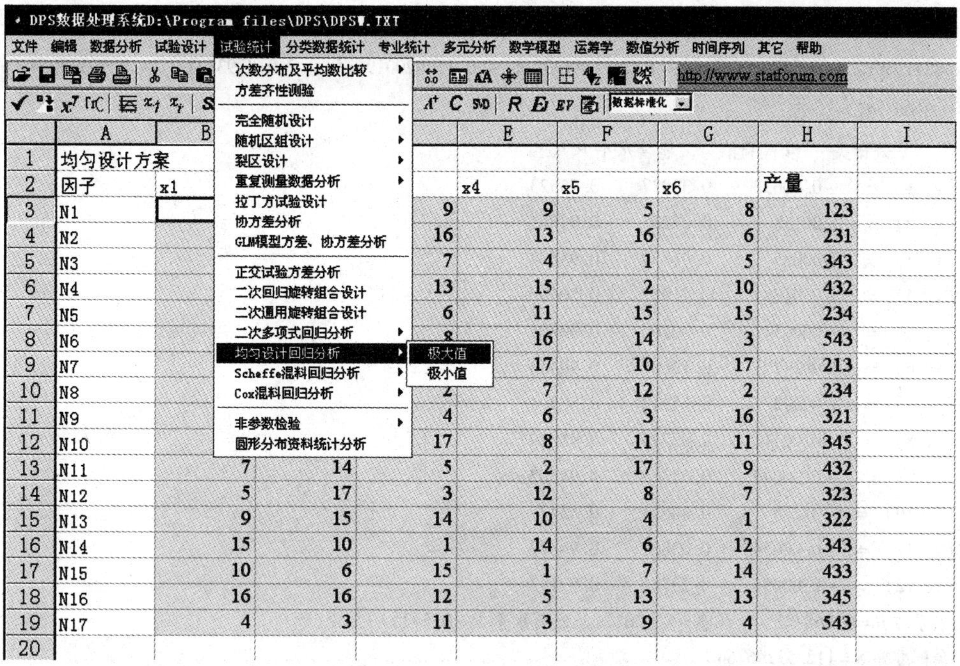

DPS数据处理系统D:\Program files\DPS\DPS▼.TXT

文件 编辑 数据分析 试验设计 试验统计 分类数据统计 专业统计 多元分析 数学模型 运筹学 数值分析 时间序列 其它 帮助

http://www.statforum.com

数据标准化

次数分布及平均数比较
方差齐性测验
完全随机设计
随机区组设计
裂区设计
重复测量数据分析
拉丁方试验设计
协方差分析
GLM模型方差、协方差分析
正交试验方差分析
二次回归旋转组合设计
二次通用旋转组合设计
二次多项式回归分析
均匀设计回归分析
Scheffe混料回归分析
Cox混料回归分析
非参数检验
圆形分布资料统计分析

极大值
极小值

	A	B	C	D	E	F	G	H	I
1	均匀设计方案								
2	因子	x1			x4	x5	x6	产量	
3	N1			9	9	5	8	123	
4	N2			16	13	16	6	231	
5	N3			7	4	1	5	343	
6	N4			13	15	2	10	432	
7	N5			6	11	15	15	234	
8	N6			8	16	14	3	543	
9	N7				17	10	17	213	
10	N8			2	7	12	2	234	
11	N9			4	6	3	16	321	
12	N10			17	8	11	11	345	
13	N11	7	14	5	2	17	9	432	
14	N12	5	17	3	12	8	7	323	
15	N13	9	15	14	10	4	1	322	
16	N14	15	10	1	14	6	12	343	
17	N15	10	6	15	1	7	14	433	
18	N16	16	16	12	5	13	13	345	
19	N17	4	3	11	3	9	4	543	
20									

图 6－18　例 10 均匀实验设计的回归分析

由图 6－19 可知，虽然大部分古典的实验设计方法通常都采用方差分析和回归分析来处理数据，但是由于均匀设计的实验数相对较少，以致无法进行通常的方差分析，因此回归分析是均匀设计数据分析的主要手段。最后给出最高指标时各个因素组合。值得注意的是，由于在均匀实验设计方案中采用的是 17 个水平的编码值（即数字 1～17），所以最终的结果也是以各水平的编码值表示的；如将均匀实验设计方案中的水平编码值改成实际值，则用 DPS 软件回归分析后将给出实际值的最高指标时各个因素组合。

计算结果　当前日期 2008 - 2 - 2　17：43：50

$Y = 677.694885 - 21.43719697x_1 + 6.64342485x_2 + 1.586039437x_3 - 57.3650603x_4 + 0.1805537714x_5 + 8.66841168x_6 + 0.537080664x_1^2 - 0.2851789232x_2^2 - 0.1126200198x_3^2 + 2.918293831x_4^2 - 0.1036305800x_5^2 - 0.890677422x_6^2$

	偏相关	t 检验值	显著水平 P
$r(y, 1)$ =	-0.00632	0.32937	0.75523
$r(y, 2)$ =	0.00138	0.07205	0.94535
$r(y, 3)$ =	0.00035	0.01839	0.98604
$r(y, 4)$ =	-0.01381	0.71955	0.50402
$r(y, 5)$ =	0.00005	0.00260	0.99803
$r(y, 6)$ =	0.00242	0.12608	0.90458
$r(y, 7)$ =	0.00292	0.15212	0.88504
$r(y, 8)$ =	-0.00111	0.05775	0.95619
$r(y, 9)$ =	-0.00045	0.02368	0.98202
$r(y, 10)$ =	0.01278	0.66621	0.53477
$r(y, 11)$ =	-0.00054	0.02802	0.97873
$r(y, 12)$ =	-0.00456	0.23786	0.82143

相关系数 $R = 0.868792$　　F 值 = 1.0261　　显著水平 $P = 0.5430$

剩余标准差 $S = 112.53296764$

调整后的相关系数 $R_a = 0.138553$

样本	观测值	拟合值	拟合误差
1	123.00000	210.74143	-87.74143
2	231.00000	255.66944	-24.66944
3	343.00000	372.40169	-29.40169
4	432.00000	385.70634	46.29366
5	234.00000	189.29159	44.70841
6	543.00000	508.58833	34.41167
7	213.00000	299.22075	-86.22075
8	234.00000	269.05632	-35.05632
9	321.00000	328.81357	-7.81357
10	345.00000	394.65895	-49.65895
11	432.00000	472.11310	-40.11310
12	323.00000	361.90332	-38.90332
13	322.00000	288.90143	33.09857
14	343.00000	258.36061	84.63939
15	433.00000	433.60038	-0.60038
16	345.00000	241.42711	103.57289
17	543.00000	489.54564	53.45436

Durbin - Watson 统计量　$d = 1.14629188$

最高指标时各个因素组合

Y	x_1	x_2	x_3	x_4	x_5	x_6
583.89227	1.00000	14.96664	9.05726	17.00000	5.93489	5.41876

图 6-19　均匀实验设计的部分回归分析结果

参考文献

1. 河北大学现代检测技术与质量工程实验中心．食品检验技术实验指导［M］．北京：中国计量出版社，2011.

2. 孔福尔蒂（美）．姜启兴等译．食品工艺学实验指导［M］．北京：中国轻工业出版社，2012.

3. 李和生．食品分析实验指导［M］．北京：科学出版社，2012.

4. 曾名湧．食品保藏原理与技术［M］．北京：化学工业出版社，2007.

5. 曾名湧，董士远．天然食品添加剂［M］．北京：化学工业出版社，2005.

6. 汪东风．食品科学实验技术［M］．北京：中国轻工业出版社，2006.

7. 汪东风．食品质量与安全实验技术．第二版．［M］．北京：中国轻工业出版社，2011.

8. 张爱民，周天华．食品科学与工程专业实验实习指导用书［M］．北京：北京师范大学出版社，2011.

9. 潘道东．畜产食品工艺学实验指导［M］．北京：科学出版社，2011.

10. 刘静波．食品科学与工程专业实验指导［M］．北京：化学工业出版社，2010.

11. 卢晓黎．食品科学与工程专业实验及工厂实习指导书［M］．北京：化学工业出版社，2010.

12. 王艳萍．食品生物技术实验指导［M］．北京：中国轻工业出版社，2012.

13. 陈文．功能食品功效评价原理与动物实验方法［M］．北京：中国计量出版社，2011.

14. 赵月兰，王雪敏．动物性食品卫生学实验教程［M］．北京：中国农业大学出版社，2011.

15. 马俪珍，刘金福．食品工艺学实验［M］．北京：化学工业出版社，2011.

16. 马汉军，秦文．食品工艺学实验技术［M］．北京：中国计量出版社，2009.

17. 赖健，王琴．食品加工与保藏实验技术［M］．北京：中国轻工业出版社，2010.

18. 徐树来，王永华．食品感官分析与实验［M］．第二版．北京：化学工业出版社，2010.

19. 赵征．食品工艺学实验技术［M］．北京：化学工业出版社，2009.

20. 王双飞．食品加工与贮藏实验［M］．北京：中国轻工业出版社，2009.

21. 丁武．食品工艺学综合实验［M］．北京：中国林业出版社，2012.

22. 周雁，傅玉颖．食品工程综合实验［M］．杭州：浙江工商大学出版社，2009.

23. 高翔，王蕊．肉制品加工实验实训教程［M］．北京：化学工业出版社，2009.

24. 曹建康，姜微波，赵玉梅．果蔬采后生理生化实验指导［M］．北京：中国轻工业出版社，2007.

25. 周德庆．水产品质量安全与检验检疫实用技术［M］．北京：中国计量出版社，2007.

26. 高海生，祝美云．果蔬食品工艺学［M］．北京：中国农业科技出版社，1998.

27. 蔺毅峰．食品工艺实验与检验技术［M］．北京：中国轻工业出版社，2005.

28. 郑州粮食学院．食品工艺大实验指导［M］．郑州：院内教材，2001.

29. 吴加根．谷物与大豆食品工艺学［M］．北京：中国轻工业出版社，1995.

30. 仇农学，李建科．大豆制品加工技术［M］．北京：中国轻工业出版社，2000.

31. 刘心恕．农产品加工工艺学［M］．北京：中国农业出版社，1997.

32. 石彦国，任莉．大豆制品工艺学［M］．北京：中国轻工业出版社，1993.

33. 李里特等．焙烤食品工艺学［M］．北京：中国轻工业出版社，2000.

34. 张守文．面包科学与加工工艺［M］．北京：中国轻工业出版社，1996.

35. 纪家笙．水产品工业手册［M］．北京：中国轻工业出版社，1999.

36. 张万萍．水产品加工新技术［M］．北京：中国农业出版社，1995.

37. 高福成．新型海洋食品［M］．北京：中国轻工业出版社，1999.

38. 王锡昌．鱼糜制品加工技术［M］．北京：中国轻工业出版社，1997.

39. 宋文铎．名特海产品加工技术［M］．北京：中国农业出版社，1996.

40. 标准化技术委员会秘书处．食品国家标准和行业标准目录［M］．北京：中国标准出版社，2007.

41. 邵长富，赵晋府．软饮料工艺学［M］．北京：中国轻工业出版社，1998.

42. 王钦德，杨坚．食品实验设计与统计分析［M］．北京：中国农业大学出版社，2003.

43. 李云雁，胡传荣．实验设计与数据处理［M］．北京：化学工业出版社．2005.

44. 刘魁英．食品研究与数据分析［M］．北京：中国轻工业出版社．2005.

45. 黄晓钰，刘邻渭．食品化学综合实验．北京：中国农业大学出版社，2002.

46. 吴占福．生物统计学［M］．北京：科学出版社．2005.

47. 陶勤南．肥料实验与统计分析［M］．北京：中国农业出版社．1997.

48. 陈锦屏，田呈瑞．果品蔬菜加工学［M］．西安：陕西科学技术出版社，1994.

49. 刘宝家，李素梅等．食品加工技术工艺和配方大全［M］．北京：科学技术文献出版社，1996.

50. 黄来发．蛋白饮料加工工艺与配方［M］．北京：中国轻工业出版社，1996.

51. 卢荣锦．面粉的品质与分析方法．台北：美国小麦协会、中华面麦食品工业技术研究所，1996.

52. 梁东妮等．热烫、湿度及包装对鲜切芋艿品质及货架期的影响．食品工业科技，2003，24（2）：66～68.

53. 殷锦捷．绿叶蔬菜真空冷冻干燥实验研究［J］．吉林大学学报：工学版，2003，33（3）：110～112.

54. 王博，林静，李成华等．香菇冷冻干燥工艺参数的试验研究．农业工程学报，2004，20（1）：226～229.

55. 张金木．低盐化油姜软包装加工技术［J］．食品科学，1998：19（12）：60～61.

56. 戴桂芝．提高速成低盐酱菜质量的探讨［J］．中国酿造，2007（12）：53～54.

57. 邱向梅．燕麦面包制作的工艺研究［J］．粮食与饲料工业，2007（12）：21～23.

58. 王光瑞等．焙烤品质与面团形成和稳定性时间相关分析．中国粮油学报，1997，12（3）：1～6.

59. 叶怀义等．对面团物性形成机理的探讨［J］．黑龙江商学院学报，1988（2）：31～37.

60. Pyler E J. Baking Science and Technology Chicago，U. S.：Siebel Publishing Company，1982.

61. 蒲云健，梁歧，石桂春．功能性寡肽饼干的研制［J］．食品科技，2004（8）：19～21.

62. 华平等．水溶性膳食纤维对低热能蛋糕膨松性的影响［J］．安徽技术师范学院学报，2004，18（2）：26～30.

63. 舒留泉．茄汁蛏肉软罐头的研制［J］．北京水产，2002（5）：38～39.

64. 肖枫，曾名湧．海参软罐头加工工艺的研究．科学养鱼，2004（11）：65.

65. 邓后勤，夏延斌，曹小彦等．用罗非鱼碎肉制作鱼松的生产工艺研究．现代食品科技，2005，21（3）：80～82.

66. 谢超，王阳光．鱼休闲食品生产工艺技术研究．科学养鱼，2008（9）：69～70.

67. 张俊杰，段蕊．鱼糜的凝胶机理．淮海工学院学报，1999，8（3）：59～62.

68. 汪之和，范秀娟，顾红梅等．加热条件对几种西非鱼种鱼糜凝胶特性的影响．食品与生物技术，2002，21（1）：33～37.

69. Chan J K. Thermal aggregation of myosln subfragments from Cod and Herring. J Food Sci，1993，58（5）：1057～1061.

70. Sano T，Noguchi S F. Matsumoto thermal gelation characteristics of myosin subfragments. J Food Sci，1990，55（1）：55～58.

71. 陈力巨，陈佩佩，曾焕润等．休闲鱼粒的研制．农产品加工：学刊，2008，（8）：54～56；59.

72. 孔保华等．鲢鱼鱼丸最佳配方及工艺的研究．食品工业科技，2000，21（2）：43～45.

73. 高翔．利用虾副产品加工调味料的研究．中国调味品，2008（7）：10.

74. 李志军，贺红军，孙承锋等．虾味调味品的加工技术．齐鲁渔业，2003（9）：32.

75. 吴青等．不同澄清剂对荔枝果汁澄清效果的研究．饮料工业，2001，4（5）：17～18.

76. 钱和等．芦荟枸杞饮料的研制．食品与发酵工业，2001，27（7）：22～25.

77. 陈楚英，陈明，陈金印等．壳聚糖涂膜对新余蜜橘常温贮藏保鲜效果的影响．江西农业大学学报，2012，34（6）：1112～1117.

78. 任建敏．壳聚糖抗菌抗氧化活性及其在食品保鲜中应用．食品工业科技，2012，33（16）：400～404.

79. 江明珠，张娇，闻燕等．蚕蛹壳聚糖/中药复合浸涂液对草莓的保鲜效果．蚕业科学，2012，38（5）：893～897.

80. 张桂，赵国群，王平．食品栅栏技术在草莓保鲜中的应用研究．食品科技，2010，35（5）：54～56.

81. 邵远志，李雪萍，李琴等．不同预处理方法对速冻菠萝贮藏品质的影响．食品研究与开发，2012，33（3）：195～198.

82. 李全宏，付才力．HACCP在切割果蔬生产中的应用．食品科学，2003，24（8）：149～152.

83. 许晓春，林朝朋，朱定和．不同包装处理对切分芋头货架期的影响．实验研究与开发，2008，29（1）：137～140.

84. 熊永森，王俊，王金双等．微波干制胡萝卜片试验研究．科技通报，2002，18（3）：251～260.

85. 伍玉洁，杨瑞金，刘言宁．水分活度对干制虾仁产品的货架寿命和质构的影响．水产科学，2006，25（4）：175～178.

86. 戴志远，翁丽萍，王宏海．养殖大黄鱼气调包装保鲜工艺研究．中国食品学报，2010，10（5）：204～211.

87. 于荟，陈有亮，王联潮等．低盐腌制对腌肉制品品质的影响．食品工业科技，2012（9）：134～136.